하루10분수학(계산편)의 소개

스스로 알아서 하는 하루10분수학으로 공부에 자신감을 가지자!!!
스스로 공부 할 줄 아는 학생이 공부를 잘하게 됩니다.
책상에 앉으면 제일 처음 '하루10분수학'을 펴서 공부해 보세요.
기본적인 수학의 개념과 계산력 훈련은 집중력을 늘리게 되고
이 자신감으로 다른 학습도 하고 싶은 마음이 생길 것입니다.
매일매일 스스로 책상에 앉아서 연습하고 이어서 할 것을 계획하는 버릇이 생기면
비로소 자기주도학습이 몸에 배게 됩니다.

하루10분수학(계산편)의 활용

1. 아침 학교 가기 전 집에서 하루를 준비하세요.
2. 등교 후 1교시 수업 전 학교에서 풀고, 수업 준비를 완료하세요.
3. 하교 후 정한 시간에 책상에 앉고 제일 처음 이 교재를 학습하세요.

하루10분수학은 수학의 개념/원리 부분을 스스로 익혀
학교와 학원의 수업에서 이해가 빨리 되도록 돕고, 생각을 더 많이 할 수 있게 해 주는 교재입니다.
'1페이지 10분 100일 +8일 과정' 혹은 '5페이지 20일 속성 과정'으로 이용하도록 구성되어 있습니다.
본문의 오랜지색과 검정색의 조화는 기분을 좋게하고, 집중력을 높이데 많은 도움이 됩니다.

HAPPY

꿈을 향한 나의 목표

화이팅!!

나는 (하)고 한

(이)가 될거예요!

공부의 목표

예체능의 목표

생활의 목표

건강의 목표

나의 목표를 꼼꼼히 세우고, 목표를 달성하기위해 노력해요^^

SMILE

목표를 향한 나의 실천계획

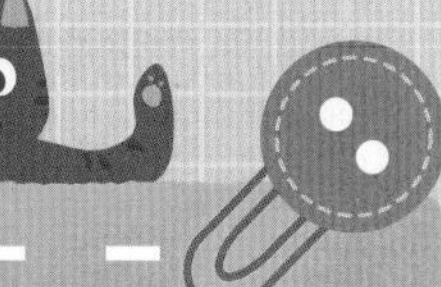

공부의 목표를 달성하기 위해

1.

2.

3.

할거예요.

예체능의 목표를 달성하기 위해

1.

2.

3.

할거예요.

생활의 목표를 달성하기 위해

1.

2.

3.

할거예요.

건강의 목표를 달성하기 위해

1.

2.

3.

할거예요.

나의 목표를 꼼꼼히 세우고, 목표를 달성하기위해 노력해요^^

HAPPY

꿈을 향한 나의 일정표

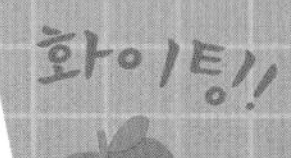

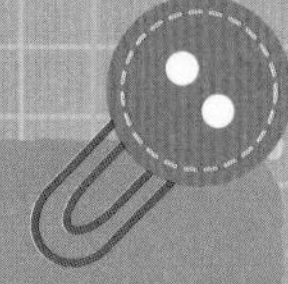

월

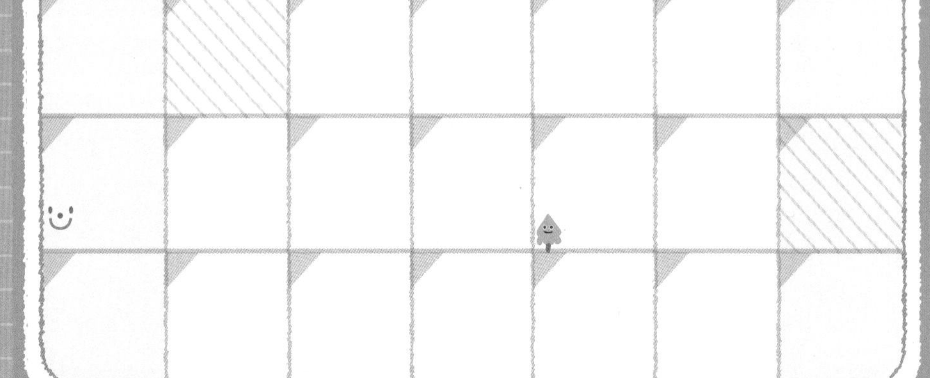

SUN	MON	TUE	WED	THU	FRI	SAT

메모 하세요!

월

SUN	MON	TUE	WED	THU	FRI	SAT

메모 하세요!

SMILE

꿈을 향한 나의 일정표

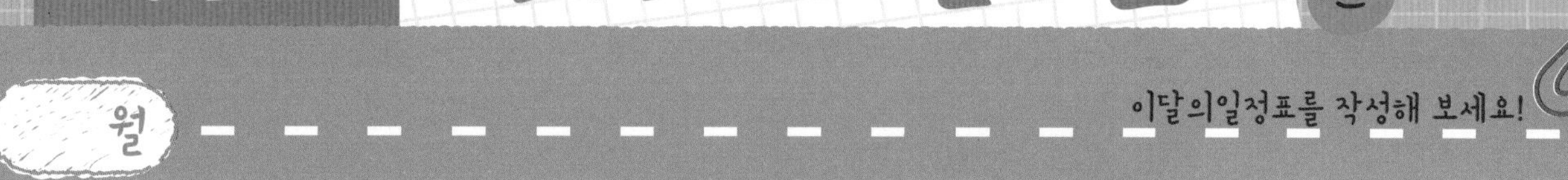

월

SUN	MON	TUE	WED	THU	FRI	SAT

메모 하세요!

-
-
-
-

월

SUN	MON	TUE	WED	THU	FRI	SAT

메모 하세요!

-
-
-
-

하루10분수학(계산편)의 차례 ⑦

4학년 1학기 과정

1일 10분 100일 / 1일 5회 20일 과정

※ 문제를 풀고난 후 틀린 점수를 적고 약한 부분을 확인하세요.

특별부록 : 총정리 문제 8회분 수록

하루10분수학(계산편)의 구성

1. 오늘 공부할 제목을 읽습니다.

2. 개념부분을 가능한 소리내어 읽으면서 이해합니다.

3. 개념부분을 참고하여 가능한 소리내어 읽으며 문제를 풉니다. 시작하기전 시계로 시간을 잽니다.

4. 다 풀었으면, 걸린시간을 적습니다. 정확히 풀다보면 빨라져요!!! 시간은 참고만^^

5. 스스로 답을 맞히고, 점수를 써 넣습니다. 틀린 문제는 다시 풀어봅니다.

6. 모두 끝났으면, 이어서 공부나 연습할 것을 스스로 정하고 실천합니다.

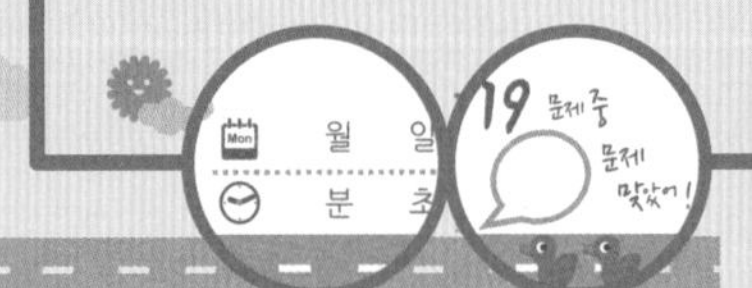

1 수 3개의 계산 (2)

4+1−3 의 계산

사과 4개에서 사과 1개를 더하면 사과 5개가 되고, 5개에서 3개를 빼면 사과는 2개가 됩니다.
이 것을 식으로 4+1−3=2 이라고 씁니다.

4+1−3의 계산은 처음 두개 4+1을 먼저 계산하고, 그 값에 뒤에 있는 −3를 계산하면 됩니다.

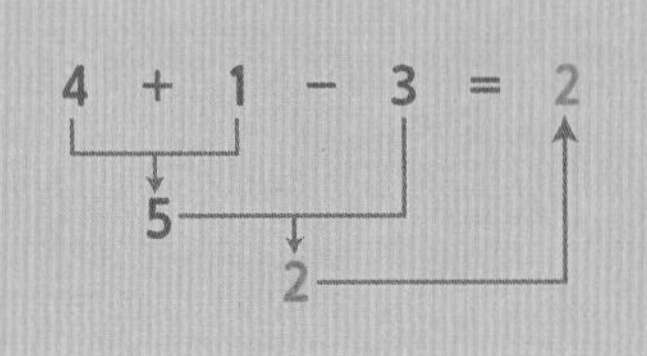

※ 여러 개의 식이 붙어 있으면, 처음부터 한개 한개 계산합니다.

위의 내용을 생각해서 아래의 □에 알맞은 수를 적으세요.

1. 2 + 2 − 1 = □ (4, 3)
2. 4 + 3 − 5 = □
3. 5 + 4 − 2 = □
4. 3 + 0 − 3 = □
5. 2 + 3 − 3 = □
6. 5 + 2 − 4 = □
7. 4 + 1 − 2 = □
8. 8 + 1 − 0 = □
9. 5 + 2 − 6 = □
10. 3 + 4 − 5 = □
11. 1 + 6 − 3 = □
12. 4 + 6 − 4 = □

tip 교재를 완전히 펴서 사용해도 잘 뜯어지지 않습니다.

스스로 알아서 하는

하루 10분 수학

계산편

배울 내용

7 단계

4학년 1 학기 과정

01 만, 몇만

9999보다 1 큰 수 10000 (만)

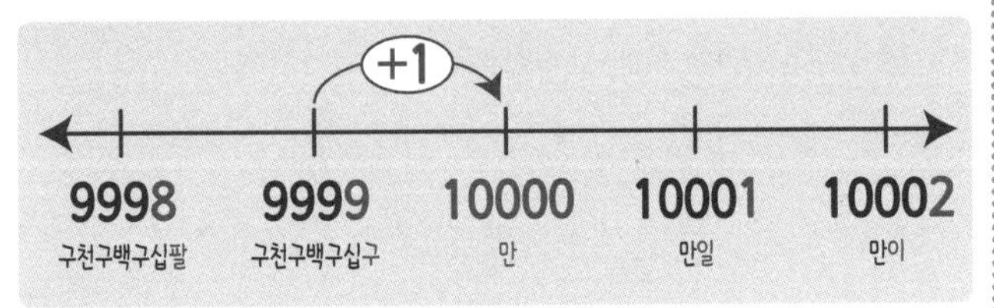

9999보다 1 큰 수를 10000이라 씁니다.
10000은 만 또는 일만이라고 읽습니다.
1000개씩 10묶음 ,100개씩 100묶음인 수입니다.

10000이 2이면 20000(이만), 3이면 30000(삼만)

10000개가 2개 있으면 20000이고, 이만이라고 읽습니다.
10000개가 3개 있으면 30000이고, 삼만이라고 읽습니다.
10000개가 9개 있으면 90000이고, 구만이라고 읽습니다.

10000의 수	1	2	3	4	...	9
쓰기	10000	20000	30000	40000	...	90000
읽기	만	이만	삼만	사만	...	구만

소리내 풀기

아래의 □에 들어갈 알맞은 수나 글을 적으세요.

01. 9999보다 1 크거나, 10001보다 □ 작은 수를 □이라 쓰고, □이라 읽습니다.

02. 9990보다 10 크거나, 10010보다 □ 작은 수를 □이라 쓰고, □이라 읽습니다.

03. 10000은 9000 보다 □ 크고, 8000 보다 □ 큰 수입니다.

04. 10000은 11000 보다 □ 작고, 12000 보다 □ 작은 수입니다.

05. 10000은 13050 보다 □ 작고, 9800 보다 □ 큽니다.

06. 10000이 3개 이거나, 1000이 30개 있는 것을 □이라 쓰고, □이라 읽습니다.

참고) 10이 10개 → 100
100이 10개 → 1000
1000이 10개 → 10000

07. 10000이 8개 이거나, 100이 800개 있는 것을 □이라 쓰고, □이라 읽습니다.

참고) 1이 100개 → 100
10이 100개 → 1000
100이 100개 → 10000

08. 만원 10000 / 만원 10000 / 만원 10000 / 만원 10000
10000원짜리 지폐 4장은 □원 입니다.

09. 10000원짜리 지폐가 5장 있으면 □원입니다.
10000원짜리 지폐가 7장 있으면 □원입니다.

10. 60000원은 10000원짜리 지폐가 □장 이고,
90000원은 10000원짜리 지폐가 □장 입니다.

※ 지폐 (종이 지, 화폐 폐) : 종이로 만든 돈

02 만의 자리

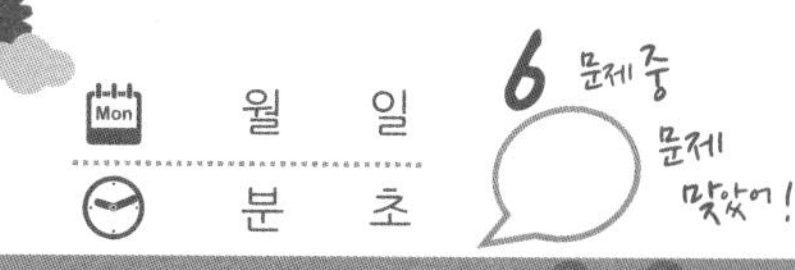

52346은 오만이천삼백사십육이라고 읽습니다.

52346에서

5 : 만의 자리 수이고, 50000을 나타냅니다.
2 : 천의 자리 수이고, 2000을 나타냅니다.
3 : 백의 자리 수이고, 300을 나타냅니다.
4 : 십의 자리 수이고, 40을 나타냅니다.
6 : 일의 자리 수이고, 6을 나타냅니다.

쓰기	52346	읽기	오만 이천삼백사십육

만의 자리와 다섯자리수

만	천	백	십	일
5	2	3	4	6

한자리수	숫자 1개인 수	1 ~ 9
두자리수	숫자 2개인 수	10 ~ 99
세자리수	숫자 3개인 수	100 ~ 999
네자리수	숫자 4개인 수	1000 ~ 9999
다섯자리수	숫자 5개인 수	10000 ~ 99999

일의 자리 : 낱개의 수를 적는 자리 6을 나타냅니다.
십의 자리 : 10개씩 묶음수를 적는 자리 40을 나타냅니다.
백의 자리 : 100개씩 묶음수를 적는 자리 → 300을 나타냅니다.
천의 자리 : 1000개씩 묶음수를 적는 자리 → 2000을 나타냅니다.
만의 자리 : 10000개씩 묶음수를 적는 자리 → 50000을 나타냅니다.

아래의 □에 들어갈 알맞은 수나 글을 적으세요.

01. 87652은 10000개 묶음 (만의 자리) [8] 개,
1000개 묶음 (천의 자리) [ ] 개,
100개 묶음 (백의 자리) [6] 개,
10개 묶음 (십의 자리) [ ] 개,
1개 묶음(낱개) (일의 자리) [2] 개인 수이고,
_______ 라고 읽습니다.

87652 = 80000 + 7000 + 600 + 50 + 2

02. 10000개 묶음 6 개, (만의 자리수가 6)
1000개 묶음 3 개, (천의 자리수가 3)
100개 묶음 9 개 (백의 자리수가 9)
10개 묶음 2 개 (십의 자리수가 2)
1개 묶음 5 개인 수는 [ ] 이고, (일의 자리수가 5)
_______ 이라고 읽습니다.

60000 + 3000 + 900 + 20 + 5 = 63925

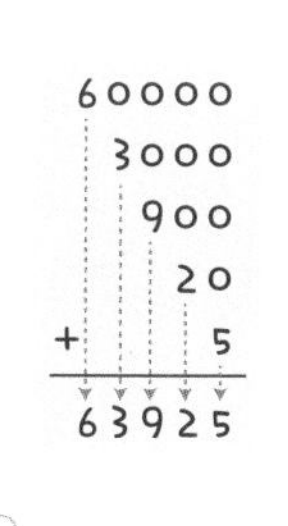

만의 자리 : 6, 천의 자리 : 3, 백의 자리 : 9, 십의 자리 : 2, 일의 자리 : 5인 수
60000 + 3000 + 900 + 20 + 5 = [ ]

03. 73206은 10000이 [ ], ← 만의 자리 수
1000이 [ ], ← 천의 자리 수
100이 [ ], ← 백의 자리 수
10이 [ ], ← 십의 자리 수
1이 [ ] 인 수 입니다. ↖ 일의 자리 수

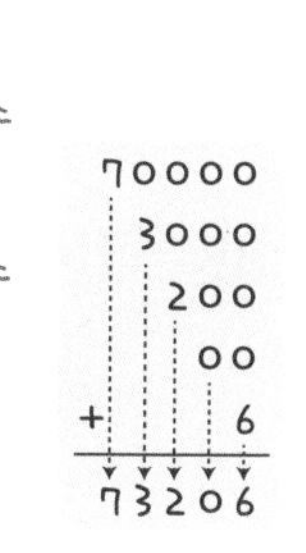

70000 + 3000 + 200 + 00 + 6 = 73206

04. 23786에서 3은 천의 자리 수이고, 3000을 나타내고,
2는 [ ] 의 자리 수이고, [ ] 을 나타냅니다.

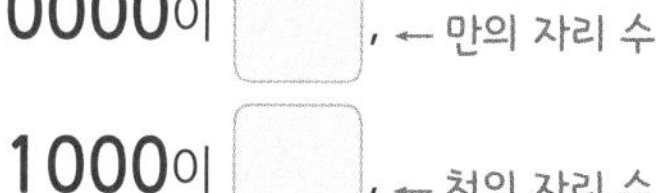

05. 53576에서 앞 5는 [ ] 의 자리 수이고, [ ]
을 나타내고, 뒤의 5는 [ ] 의 자리 수이고, [ ]
을 나타냅니다.

06. 다섯자리 수에서 가장 작은 수는 [ ] 이고,
가장 큰 수는 [ ] 입니다.

03 십만, 백만, 천만

만이 10개 모이면 **10만, 100000 (십만)**입니다.

10000의 수	쓰기		읽기
10000이 10인 수	100000	10만	십만
10000이 100인 수	1000000	100만	백만
10000이 1000인 수	10000000	1000만	천만

10000(만)의 10배는 100000 (**십만**) 입니다.
10000(만)의 100배는 1000000 (**백만**) 입니다.
10000(만)의 1000배는 10000000 (**천만**) 입니다.

만이 **2437**있으면 **2437만** (이천사백삼십칠**만**) 입니다

10000개가 2437개 있으면 **2437만**, 24370000이라 쓰고, 이천사백삼십칠**만**이라고 읽습니다.
만 자리까지 끊어서, 읽은 수에 만을 붙이고, 아래 수를 읽습니다.

2	4	3	7	1	6	9	8
천	백	십	일	천	백	십	일
			만				

이천사백삼십칠만 천육백구십팔

아래의 □에 들어갈 알맞은 수나 글을 적으세요.

01. 10000원짜리 지폐가 10 장 있으면 □ 원 또는 □ 만원 이라 쓰고, □ 원 이라 읽습니다.

02. 10000원짜리 지폐가 100 장 있으면 □ 원 또는 □ 만원 이라 쓰고, □ 원 이라 읽습니다.

03. **만**원짜리 지폐가 1000 장 있으면 □ 원 또는 □ 만원 이라 쓰고, □ 원 이라 읽습니다.

04. 10000은 100000 보다 □ 배 작은 수이고,
1000000 보다 □ 배 작은 수입니다.

05. **십만**은 **만** 보다 □ 배 크고,
천만은 **1만** 보다 □ 배 더 큽니다.

※ 1만은 1밑에 0이 4개 있는 수입니다. 그래서 5자리 수입니다.

06. 10000이 57개 있으면,
□ 만 또는 □ 만이라 쓰고,
______ 이라고 읽습니다.

07. 10000이 5167개 있으면,
□ 만 또는 □ 만이라 쓰고,
______ 이라고 읽습니다.

08. 3642507인 수는

364|2507
만|

만이 □ 이고, **일**이 2507 인 수이고,
______ 이라고 읽습니다.

09. **만**이 26이고, **일**이 4162이면 □ 이고,
______ 이라고 읽습니다.

※ 4자리씩 나누는 선을 그어 앞의 수에 만을 붙입니다.

 이어서 나는 □ 을(를) 공부/연습할거야!!

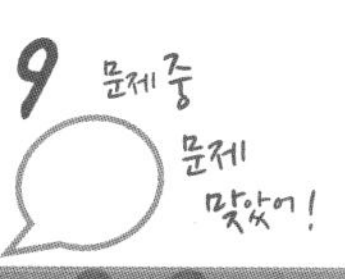

만이 **10000**개 모이면 **1억, 100000000** (일억) (0이 8개)

100000000의 수	쓰기		읽기
1억이 10인 수	1000000000	10억	십억
1억이 100인 수	10000000000	100억	백억
1억이 1000인 수	100000000000	1000억	천억

1억의 **10배**는 **1000000000** (**십억**) 입니다.
1억의 **100배**는 **10000000000** (**백억**) 입니다.
1억의 **1000배**는 **100000000000** (**천억**) 입니다.

억이 **3105**있으면 **3105억** (**삼천백오억**) 입니다. (0이 8개)

100000000이 **3105**개 있으면 **3105억** 또는 **310500000000**이라 쓰고, 삼천백오**억**이라 읽습니다.
억 자리까지 끊어서, 읽은 수에 억을 붙이고, 아래 수를 읽습니다.

3	1	0	5	2	4	3	7	1	6	9	8
천	백	십	일	천	백	십	일	천	백	십	일
			억				만				

삼천백오억 이천사백삼십칠만 천육백구십팔

아래의 □에 들어갈 알맞은 수나 글을 적으세요.

01. 1억이 20이면 □
또는 □ 억 이라 쓰고, □ 억 이라 읽습니다.

02. 1억이 200이면 □
또는 □ 억 이라 쓰고, □ 억 이라 읽습니다.

03. 1억이 2000이면 □
또는 □ 억 이라 쓰고, □ 억 이라 읽습니다.

04. 300000000은 30억 보다 □ 배 작은 수이고,
300억 보다 □ 배 작은 수입니다.

05. 십억은 억 보다 □ 배 크고,
천억은 1억 보다 □ 배 더 큽니다.

※ 1억은 1밑에 0이 8개 있는 수입니다. 그래서 9자리 수입니다.

06. 억이 8765개이면 □
또는 □ 억 이라 쓰고,
________ 이라고 읽습니다.

07. 억이 8765개, 만이 1073개이면
□ 이라쓰고,
________ 이라고 읽습니다.

08. 37265470000인 수는

372|6547|0000
억 만

억이 □ 이고, 만이 □ 인 수이고,
________ 이라고 읽습니다.

09. 37265470000에서 3은 □ 의 자리 수이고,
□ 을 나타냅니다.

※ 4자리씩 나누는 선을 그어 앞의 수에 억과 만의 자리를 구분하여 읽습니다.

05 조, 십조, 백조, 천조

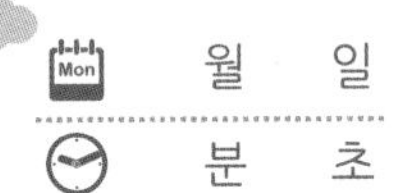

억이 10000개 모이면 1조, 1000000000000(일조) (0이 12개)

1조의 수	쓰기		읽기
1조가 10인 수	10000000000000	10조	십조
1조가 100인 수	100000000000000	100조	백조
1조가 1000인 수	1000000000000000	1000조	천조

1조의 10배는 10000000000000 (십조) 입니다.
1조의 100배는 100000000000000 (백조) 입니다.
1조의 1000배는 1000000000000000 (천조) 입니다.

조가 2007있으면 2007조 (이천칠조) 입니다. (0이 12개)

1조가 2007개 있으면 2007조 또는 2007000000000000이라 쓰고, 이천칠조라 읽습니다.
조 자리까지 끊어서, 읽은 수에 조를 붙이고, 아래 수를 읽습니다.

2	0	0	7	3	1	0	5	2	4	3	7	1	6	9	8
천	백	십	일	천	백	십	일	천	백	십	일	천	백	십	일
			조				억				만				

이천칠조 삼천백오억 이천사백삼십칠만 천육백구십팔

아래의 ☐에 들어갈 알맞은 수나 글을 적으세요.

01. 1조가 40이면 ☐ 또는 ☐조 이라 쓰고, ☐조 이라 읽습니다.

02. 1조가 400이면 ☐ 또는 ☐조 이라 쓰고, ☐조 이라 읽습니다.

03. 1조가 4000이면 ☐ 또는 ☐조 이라 쓰고, ☐조 이라 읽습니다.

04. 5000000000000은 50조 보다 ☐배 작은 수이고, 500조 보다 ☐배 작은 수입니다.

05. 십조은 1조 보다 ☐배 크고, 천조은 1조 보다 ☐배 더 큽니다.

※ 1조는 1밑에 0이 12개 있는 수입니다. 그래서 13자리 수입니다.

06. 조가 7607개이면 ☐ 또는 ☐조 이라 쓰고, ________ 이라고 읽습니다.

07. 조가 3718개, 만이 2095개이면 ☐ 이라쓰고, ________ 이라고 읽습니다.

08. 26837200000000인 수는 (26|8372|0000|0000 조 억 만)

조가 ☐ 이고, 억이 ☐ 인 수이고, ________ 이라고 읽습니다.

09. 291768265470000에서 9는 ☐의 자리 수 이고, ☐ 을 나타냅니다.

※ 4자리씩 나누는 선을 그어 앞의 수에 조, 억, 만의 자리를 구분하여 읽습니다.

확인 (틀린 문제의 수를 적고, 약한 부분을 보충하세요.)

회차	틀린문제수
01 회	문제
02 회	문제
03 회	문제
04 회	문제
05 회	문제

생각해보기

앞에서 배운 5회차 내용이 모두 이해 되었나요?

1. 모두 이해되고 자신있다. → 다음 회로 넘어 갑니다.

2. 2~3문제 틀릴 수는 있겠지만 거의 이해한다.
→ 개념부분을 한번 더 읽고 다음 회로 넘어 갑니다.

3. 잘 모르는 것 같다.
→ 개념부분과 틀린문제를 한번 더 보고 다음 회로 넘어 갑니다.

틀린 문제가 있었다면 왜 틀렸을거라고 생각합니까?

1. 개념 설명이 어려워서 잘 모르겠다. 2. 다 아는데 실수한 것 같다.

3. 빨리 끝내고 싶어서 집중할 수가 없다. 4. 하기 싫어서....

오답노트 (앞에서 틀린 문제나 기억하고 싶은 문제를 적습니다.)

회 번

문제	풀이

회 번

문제	풀이

회 번

문제	풀이

회 번

문제	풀이

회 번

문제	풀이

월 일 / 분 초

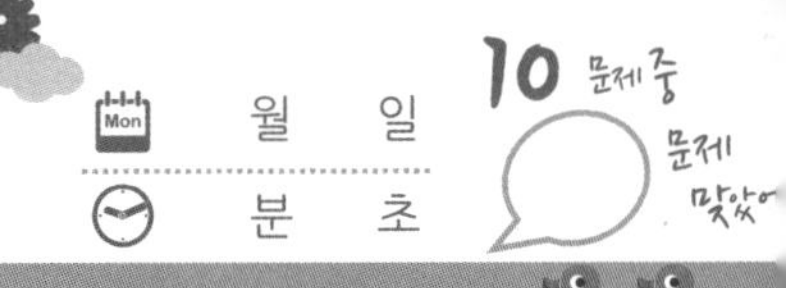

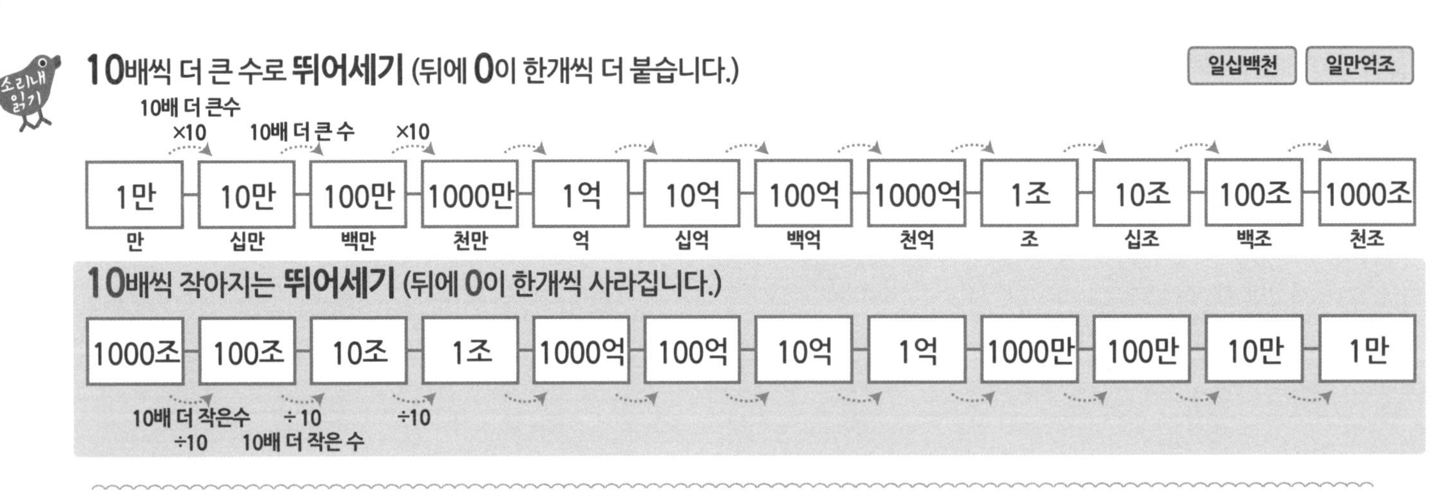

※ 10배씩 작아는 지는 것은 10으로 나눈 것과 같습니다 = 10개로 나눈 것의 1개

소리내 풀기 아래에 적혀있는 데로 뛰어 세기를 해보세요.

01. 5부터 10배씩 큰 수 뛰어세기

02. 7만부터 10배씩 큰 수 뛰어세기

03. 9억부터 10배씩 큰 수 뛰어세기

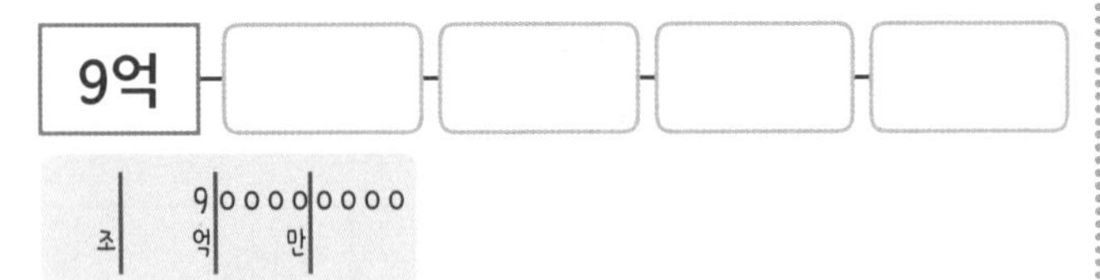

04. 3부터 100배씩 뛰어세기 (10배씩 2번 뛰어세기→100배)

3

05. 4만부터 100배씩 큰 수 뛰어세기 (10배씩 2번 뛰어세기)

06. 3만부터 10배 작은 수 뛰어세기

07. 60억부터 10배 작은 수 뛰어세기

60억

08. 900조부터 10배 작은 수 뛰어세기

9000000000000000

조 억 만

09. 200억부터 100배씩 작은 수 뛰어세기

200억

10. 10조부터 100배씩 작은 수 뛰어세기 (10배씩 2번 뛰어세기)

※ 10배씩 커지면 0이 한개씩 더 많아지고,
100배씩 커지면 0이 2개씩 많아지고, 1000배는 0이 3개 더 많아집니다.

※ 10배씩 작아지면 0이 한개씩 더 많아지고,
100배씩 작아지면 0이 2개씩 없어집니다.

 이어서 나는 ______ 을(를) 공부/연습할거야!!

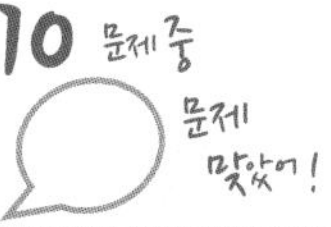

1억씩 커지는 뛰어세기 (억의 자리수가 1씩 커집니다.)

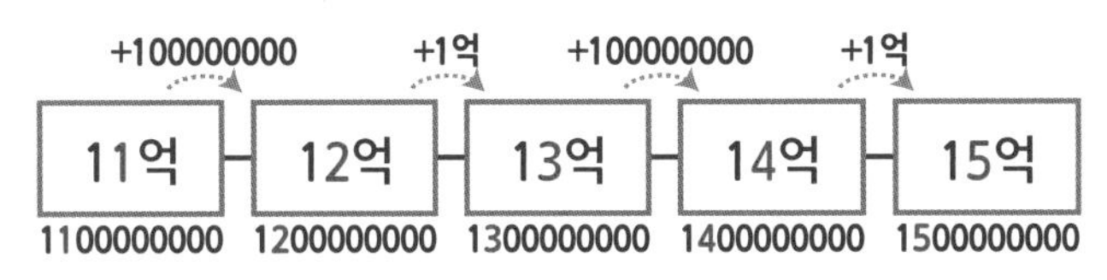

1억씩 작아지는 뛰어세기 (억의 자리수가 1씩 작아집니다.)

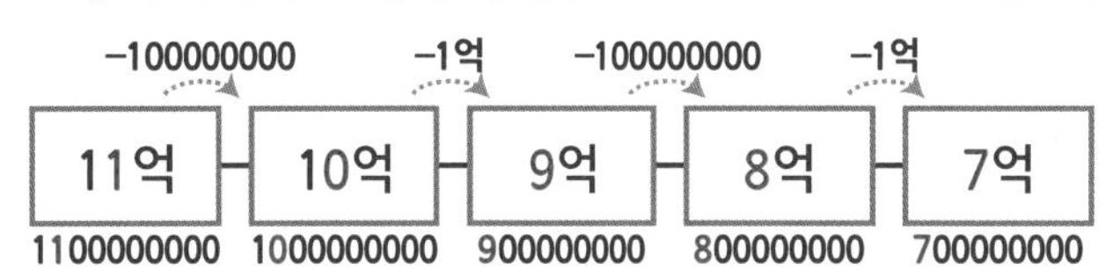

10조씩 커지는 뛰어세기 (10조의 자리가 1씩 커집니다.)

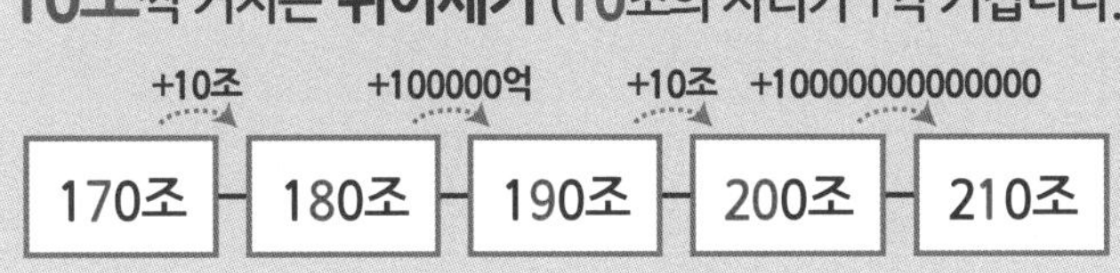

10조씩 작아지는 뛰어세기 (10조의 자리가 1씩 작아집니다.)

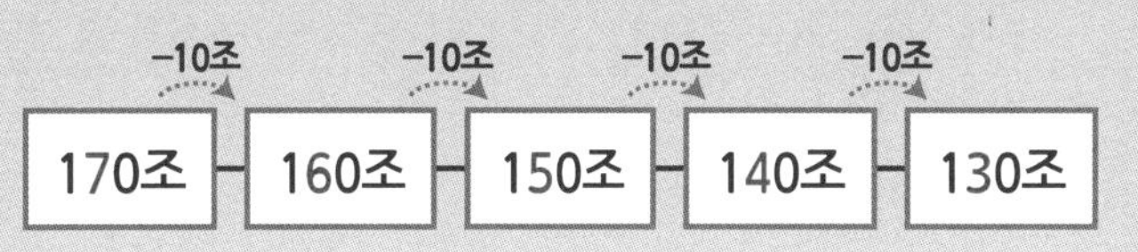

아래에 적혀있는 데로 뛰어 세기를 해보세요.

01. 1억부터 5억씩 큰 수 뛰어세기

02. 7억부터 10억씩 큰 수 뛰어세기

03. 93조부터 20조씩 큰 수 뛰어세기

04. 3조씩 큰 수 뛰어세기

3265조 – [ ] – [ ] – [ ]

05. 50조씩 큰 수 뛰어세기

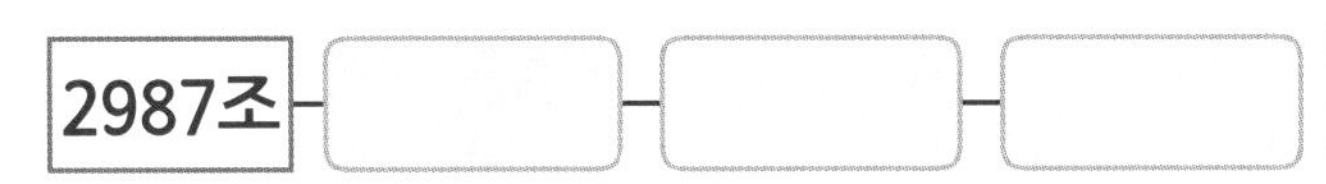

※ 큰 수는 네자리씩 끊어서 읽습니다.

06. 30만부터 5만 작은 수 뛰어세기

30만 – [ ] – [ ] – [ ] – [ ]

07. 600억부터 15억 작은 수 뛰어세기

600억 – [ ] – [ ] – [ ] – [ ]

08. 750조부터 25조 작은 수 뛰어세기

750조 – [ ] – [ ] – [ ] – [ ]

09. 250만씩 작은 수 뛰어세기

751만 – [ ] – [ ] – [ ]

10. 700조씩 작은 수 뛰어세기

2100조 – [ ] – [ ] – [ ]

※ 천억에서 천억을 빼면 0이 남습니다.

08 큰 수의 크기 비교

월 일 / 분 초

① 자리수가 더 많은 수가 더 큽니다.

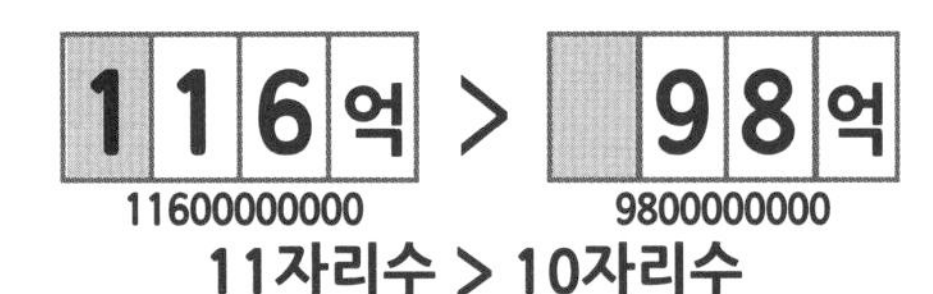

1 억 > 9 9 9 9 만

100000000 99990000

9자리수 > 8자리수

② 높은 자리의 수가 큰 수가 더 큽니다.

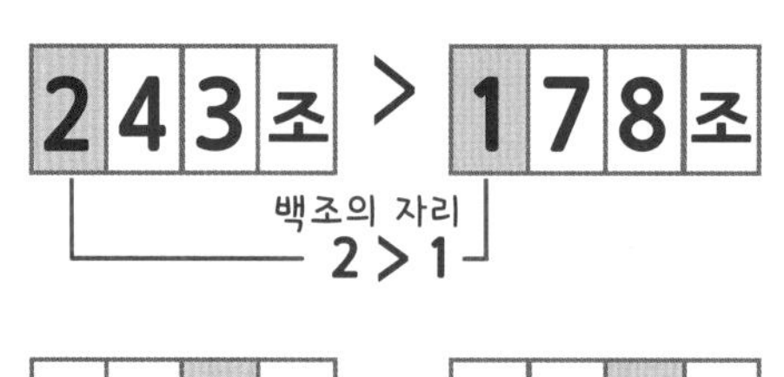

5 4 7 억 > 5 4 2 억

억의 자리

7 > 2

① 자릿수가 다르면
자릿수가 많은 수가 큰 수이고,
(10자리수>9자리수)
1만 : 5자리수 (0이 4개)
1억 : 9자리수 (0이 8개)
1조 : 13자리수 (0이 12개)

② 자릿수가 같으면
높은 자리 숫자부터 비교하여
더 높은 수가 큽니다.

두 수의 크기를 보기와 같이 풀고, 더 큰 수를 ☐에 적으세요.

보기 4238억 7000억
천억의 자리 4 < 7 더 큰 수 7000억

01. 52375 51765
___의 자리___ ◯ ___ ☐

02. 713만 62억
713 0000 / 62 0000 0000
7 자리수 ◯ 10 자리수 ☐

03. 3613조 2796조
___의 자리___ ◯ ___ ☐

04. 2573억 1698억
___의 자리___ ◯ ___ ☐

05. 9876만 9817만
___의 자리___ ◯ ___ ☐

06. 1698억 1조
___자리수 ◯ ___자리수 ☐

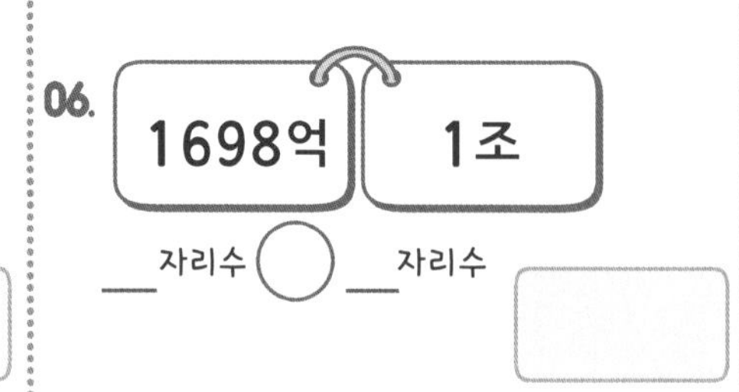

07. 7632억 9613억
___의 자리___ ◯ ___ ☐

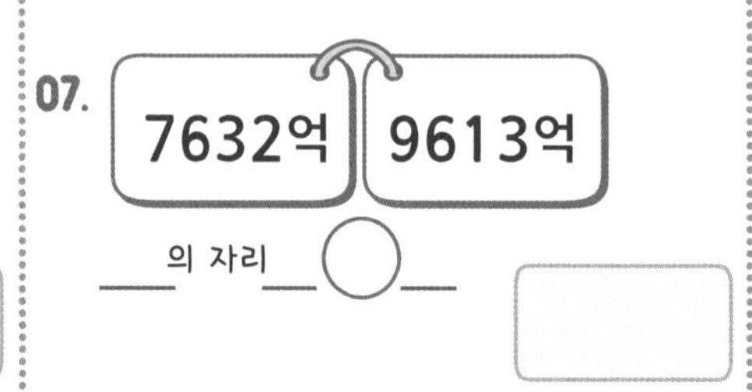

08. 9999조 1000억
___자리수 ◯ ___자리수 ☐

09. 5076만 5103만
___의 자리___ ◯ ___ ☐

10. 362억 96억
___자리수 ◯ ___자리수 ☐

11. 2717조 2796억
___자리수 ◯ ___자리수 ☐

월 일 / 분 초

40문제 중 문제 맞았어!

일, 만, 억, 조의 자리를 잘 생각해서 아래의 물음에 답하세요.

01. 아래의 숫자를 한글로 적으세요.

2154 ➡ ______

15160000 ➡ ______

308600000000 ➡ ______

2507000000000000 ➡ ______

2507308615162154

➡ ______

02. 아래의 한글을 수로 나타내세요.

십일 ➡ □□□□□□□□

사백오십만 ➡ □□□□□□□□□

삼십이억 ➡ □□□□□□□□□□

이조 ➡ □□□□□□□□□□□□□

이조 삼십이억 사백오십만 십일

➡ 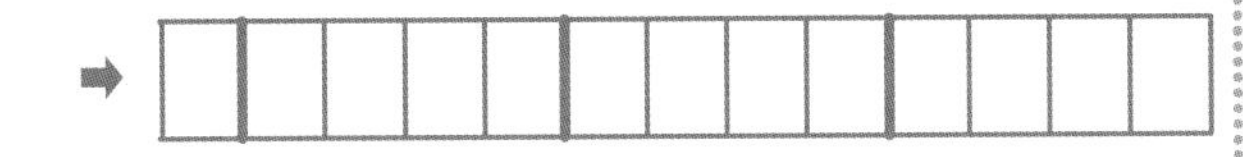

03. 조 묶음이 5108개, 억 묶음이 300개이고,

만 묶음이 6000개이고, 낱개가 58인 수

➡ ______조 ______억 ______만 ______

➡ □□□□□□□□□□□□□□□□

04. 수를 비교하여 빈칸에 적으세요.

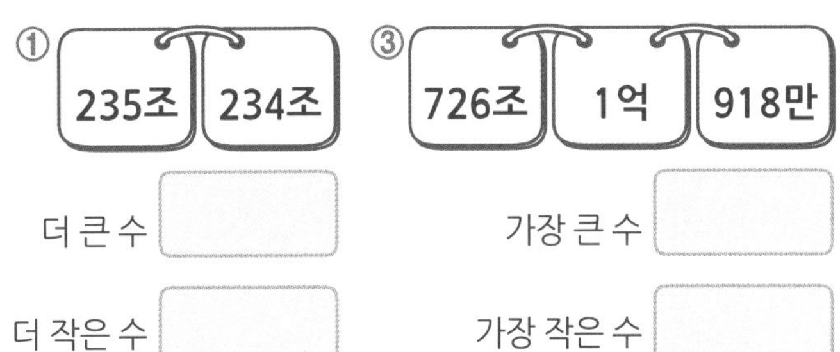

① 더 큰 수 □ 더 작은 수 □

③ 가장 큰 수 □ 가장 작은 수 □

② 더 큰 수 □ 더 작은 수 □

④ 가장 큰 수 □ 가장 작은 수 □

05. 규칙에 맞도록 빈칸에 알맞은 수를 써넣으세요.

① 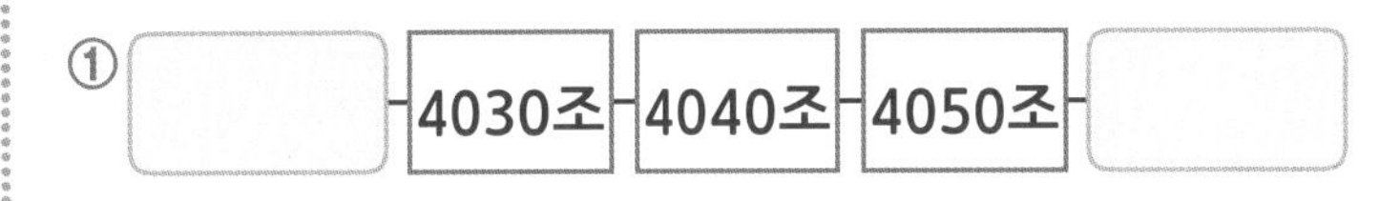

② □9996만 - 9997만 - 9998만 - □ - □

③ 

④ 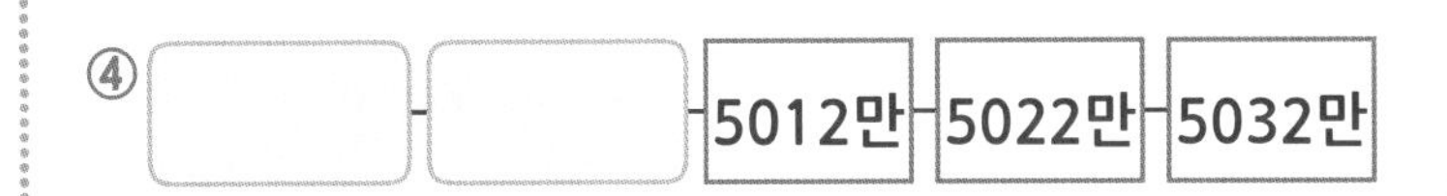

⑤ □ - □ - 8001조 - 8002조 - 8003조

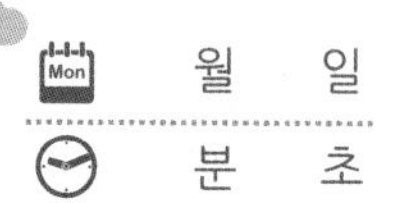

월 일 / 분 초

문제) 조가 29, 억이 180, 만이 376인 수와 조가 376, 억이 29, 만이 180인 수 중 더 큰 수를 찾아 숫자로 적으세요.

풀이) 조가 29, 억이 180, 만이 376인 수 = 29018003760000

조가 376, 억이 29, 만이 180인 수 = 376002901800000이므로

조의 단위가 더 큰 376002901800000이 더 큽니다.

답) 376002901800000

큰 수는 뒤에서부터 4자리 씩 끊어서 "/" 표시해 주면 읽기 쉽습니다.
1234567890 → 12/3456/7890

아래의 문제를 풀어보세요.

01. 억이 38, 만이 760인 수와 억이 83, 만이 670인 수 중 큰 수를 찾아 숫자로 적으세요.

풀이) 억이 38, 만이 760인 수 = ☐

억이 83, 만이 670인 수 = ☐

두 수 중 십억의 자리가 큰 수가 더 큰 수 이므로

억이 ☐, 만이 ☐ 인 수가 더 크고,

숫자로 적으면 ☐ 인 수 입니다.

답) ______

02. 주현이의 저금통에 10000원짜리 3장, 1000원짜리 27장, 100원짜리 156개가 있습니다. 모두 얼마를 모았을까요?

풀이) 10000원짜리 3장 = ☐

1000원짜리 27장 = ☐

100원짜리 156개 = ☐ 이므로

모두 합한 ☐ 원을 모았습니다.

답) ______ 원

03. 우리나라 인구를 5150만명이라 할 때, 우리나라 한사람이 1000원씩 저축한다면, 저축액은 모두 얼마일까요?

풀이) 어떤 수를 1000배 하면 0이 ☐ 개가 더 붙습니다.

5150만은 숫자로 ☐ 이므로

1000배를 하면 ☐

되므로 저축액은 ☐ 억이 됩니다.

답) ______ 억

04. 내가 문제를 만들어 풀어 봅니다. (큰 수의 계산)

풀이) (문제 3점 답 2점)

답) ______

※ 재미있게 문제를 만들어 보세요. 어려우면 옆의 문제에 숫자만 바꿔서 만들어 봅니다.

 이어서 나는 ☐ 을(를) 공부/연습할거야!!

확인 (틀린 문제의 수를 적고, 약한 부분을 보충하세요.)

회차	틀린문제수
06 회	문제
07 회	문제
08 회	문제
09 회	문제
10 회	문제

생각해보기

앞에서 배운 5회차 내용이 모두 이해 되었나요?

1. 모두 이해되고 자신있다. → 다음 회로 넘어 갑니다.

2. 2~3문제 틀릴 수는 있겠지만 거의 이해한다.
   → 개념부분을 한번 더 읽고 다음 회로 넘어 갑니다.

3. 잘 모르는 것 같다.
   → 개념부분과 틀린문제를 한번 더 보고 다음 회로 넘어 갑니다.

틀린 문제가 있었다면 왜 틀렸을거라고 생각합니까?

1. 개념 설명이 어려워서 잘 모르겠다. 2. 다 아는데 실수한 것 같다.

3. 빨리 끝내고 싶어서 집중할 수가 없다. 4. 하기 싫어서....

오답노트 (앞에서 틀린 문제나 기억하고 싶은 문제를 적습니다.)

회 번	
문제	풀이

회 번	
문제	풀이

회 번	
문제	풀이

회 번	
문제	풀이

회 번	
문제	풀이

11 몇백, 몇천, 몇만 곱하기 (1)

100,1000,1000을 곱하기

앞의 수를 곱한 수에 0의 개수만큼 0을 붙입니다.

3 × 100 = 300 — 3 × 1 = 3 에 100의 00을 붙입니다.

3 × 1000 = 3000 — 3 × 1 = 3 에 1000의 000을 붙입니다.

3 × 10000 = 30000 — 3 × 1 = 3 에 10000의 0000을 붙입니다.

앞의 수를 곱한 수를 앞에 적고 0의 개수만큼 0을 붙입니다.

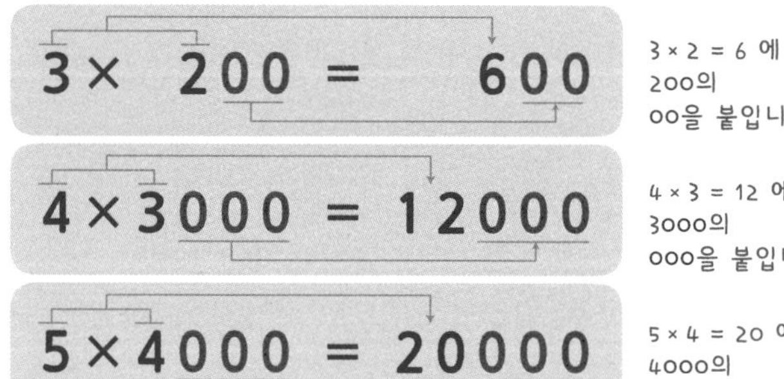
3 × 200 = 600 — 3 × 2 = 6 에 200의 00을 붙입니다.

4 × 3000 = 12000 — 4 × 3 = 12 에 3000의 000을 붙입니다.

5 × 4000 = 20000 — 5 × 4 = 20 에 4000의 000을 붙입니다.

위에 적힌 곱셈의 성질을 이해하고, 아래 곱셈의 값을 구하세요.

01. 7 × 100 =
7 × 1000 =
7 × 10000 =

02. 5 × 100 =
5 × 1000 =
5 × 10000 =

03. 8 × 100 =
8 × 1000 =
8 × 10000 =

04. 4 × 2 =
4 × 20 =
4 × 200 =
4 × 2000 =

05. 3 × 3 =
3 × 300 =
3 × 3000 =
3 × 30000 =

06. 9 × 2 =
9 × 200 =
9 × 2000 =
9 × 20000 =

07. 7 × 6 =
7 × 60 =
7 × 6000 =
7 × 60000 =

08. 6 × 5 =
6 × 500 =
6 × 5000 =
6 × 50000 =

09. 8 × 5 =
8 × 500 =
8 × 5000 =
8 × 50000 =

이어서 나는 ______ 을(를) 공부/연습할거야!!

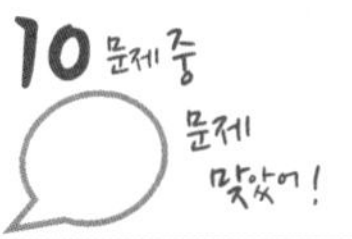

400×30은 4×3의 값에 곱하는 두수의 0을 모두 붙입니다.

몇00×몇0은 몇×몇의 값에 000을 붙입니다.

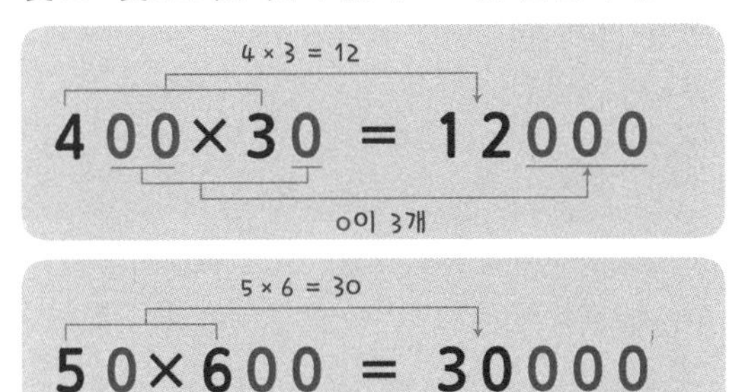

4 × 3 = 12 에 0의 개수만큼 0을 붙입니다.

5 × 6 = 30 에 0의 개수만큼 0을 붙입니다.

0이 3개 + 0이 2개 ➡ 0이 5개

몇000×몇00은 몇×몇의 값에 00000을 붙입니다.

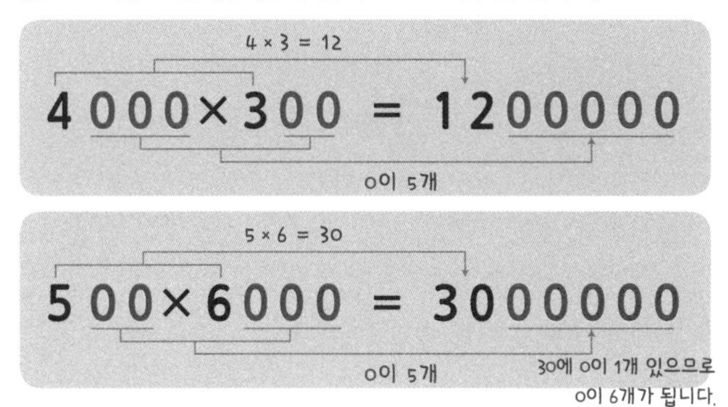

아래 곱셈의 값을 구하세요.

01. $6 \times 4 =$

$60 \times 40 =$

$600 \times 40 =$

$600 \times 4000 =$

02. $5 \times 7 =$

$5 \times 700 =$

$5000 \times 70 =$

$5000 \times 7000 =$

03. $8 \times 9 =$

$80 \times 9000 =$

$800 \times 900 =$

$80000 \times 9 =$

04. $200 \times 70 =$

05. $3000 \times 50 =$

06. $600 \times 80000 =$

07. $40 \times 200 =$

08. $9000 \times 6000 =$

09. $500 \times 80000 =$

10. $70 \times 4000 =$

이어서 나는 ______ 을(를) 공부/연습할거야!!

13 세자리수 × 몇십

213×30의 계산 ①

세자리수 × 몇을 계산한 다음, 그 값에 0을 1개 붙입니다.

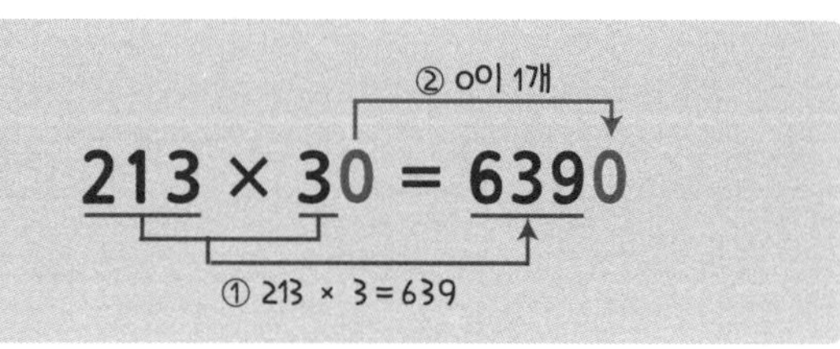

① 세자리수 213 과 30의 3을 곱합니다. 213 × 3

② ①의 값에 30의 0을 붙입니다.

③ 213 × 30은 213 × 3의 값에 0을 붙인것과 같습니다.

213×30의 계산 ② (밑으로 계산, 세로셈)

곱하는 수의 0을 내려서 일의 자리에 쓴 다음

세자리수 × 몇을 계산합니다.

	2	1	3
×		3	0

① 가로식을 세로셈 형태로 적습니다.

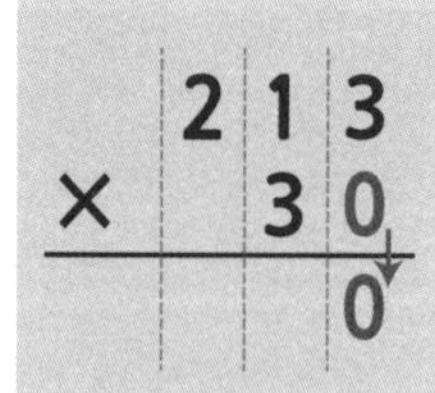

① 30의 0을 바로 내려 일의 자리에 적습니다.

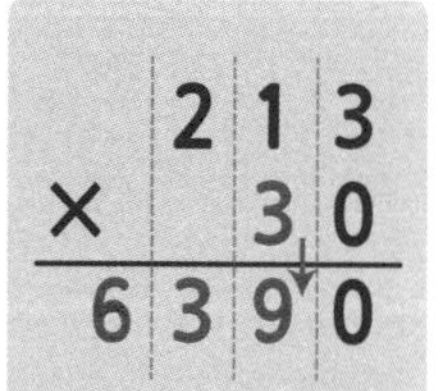

③ 213 × 3의 값 639를 0의 앞에 적습니다.

아래 곱셈의 값을 구하세요.

01. 534 × 8 = 4272

534 × 80 =

02. 925 × 7 = 6475

925 × 70 =

03. 463 × 9 = 4167

463 × 90 =

04. 123 × 2 =

123 × 20 =

05. 276 × 5 =

276 × 50 =

06.

	4	6	2
×		7	0
			0

07.

	7	2	4
×		3	0
			0

08.

	5	9	5
×		6	0
			0

09.

	3	1	7
×		6	0

10.

	5	0	9
×		2	0

11.

	4	5	1
×		4	0

이어서 나는 ______ 을(를) 공부/연습할거야!!

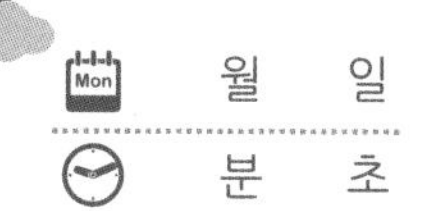

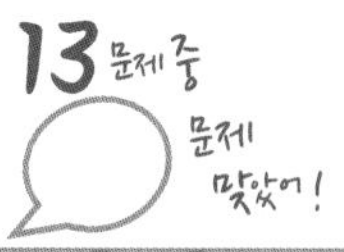

아래 곱셈의 값을 구하세요.

01. $875 \times 6 = 5250$

$875 \times 60 =$

02. $359 \times 5 = 1795$

$359 \times 50 =$

03. $567 \times 7 = 3969$

$567 \times 70 =$

04. $215 \times 3 =$

$215 \times 30 =$

05. $308 \times 4 =$

$308 \times 40 =$

06.

	4	8	4
×		2	0
			0

07.

	6	2	3
×		5	0
			0

08.

	2	0	7
×		4	0

09.

	3	1	2
×		3	0

10.

	2	0	3
×		8	0

11.

	5	3	7
×		6	0

12.

	3	2	0
×		5	0

13.

	7	8	0
×		9	0

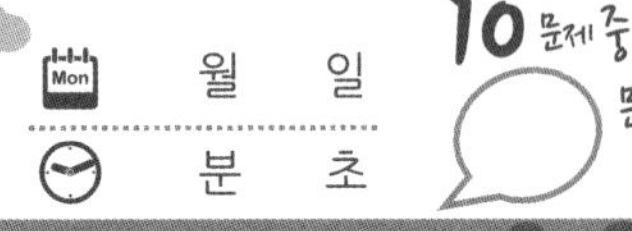

문제) 오늘 우리집앞 마트에서 **30**개씩 담겨있는 계란을 **164**개 팔았다고 합니다. 오늘 판 계란은 모두 몇 개일까요?

풀이) 1판의 계란 수 = 30　팔린 판 수 = 164

전체 계란수 = 1판의 계란수 × 팔린 판 수

= 팔린 판 수 × 1판의 계란수 이므로

식은 164×30이고 값은 4920개입니다.

식) 164×30　답) 4920개

전체 계란수 ?개

1판의 계란수 30 × 팔린 판수 164

아래의 문제를 풀어보세요.

01. 1상자에 **50**개씩 담은 사과를 **217**상자 팔았습니다. 판매한 사과는 모두 몇 개일까요?

풀이) 1상자에 들은 사과 수 = ☐ 개

팔린 상자 수 = ☐ 상자

전체 사과수 = 1상자의 사과수 ☐ 팔린 상자 수이므로

식은 ☐ 이고

답은 ☐ 입니다.

식) ________ 답) ________ 개

02. 우리 고장에 있는 체육관에는 **40**명씩 앉는 의자가 **365**개가 있다고 합니다. 체육관에는 몇 명이 앉을 수 있을까요?

풀이) 의자 1개에 앉는 사람 수 = ☐ 명

의자 수 = ☐ 개

전체 사람수 = 의자 1개에 앉는 사람 수 ☐ 의자 수

이므로 식은 ☐ 이고

답은 ☐ 입니다.

식) ________ 답) ________ 명

03. 우리 학교 도서관에는 **465**권씩 들어가는 책장이 **60**개 있습니다. 책장에 책을 모두 채우면 몇 권이 될까요?

(식 2점 답 1점)

풀이)

식) ________ 답) ________ 권

04. 내가 문제를 만들어 풀어 봅니다. (세자리수 × 몇십)

(문제 2점 식 2점 답 1점)

풀이)

식) ________ 답) ________

확인 (틀린 문제의 수를 적고, 약한 부분을 보충하세요.)

회차	틀린문제수
11 회	문제
12 회	문제
13 회	문제
14 회	문제
15 회	문제

생각해보기

앞에서 배운 5회차 내용이 모두 이해 되었나요?

1. 모두 이해되고 자신있다. → 다음 회로 넘어 갑니다.

2. 2~3문제 틀릴 수는 있겠지만 거의 이해한다.
→ 개념부분을 한번 더 읽고 다음 회로 넘어 갑니다.

3. 잘 모르는 것 같다.
→ 개념부분과 틀린문제를 한번 더 보고 다음 회로 넘어 갑니다.

틀린 문제가 있었다면 왜 틀렸을거라고 생각합니까?

1. 개념 설명이 어려워서 잘 모르겠다. 2. 다 아는데 실수한 것 같다.

3. 빨리 끝내고 싶어서 집중할 수가 없다. 4. 하기 싫어서....

오답노트 (앞에서 틀린 문제나 기억하고 싶은 문제를 적습니다.)

회	번
문제	풀이

회	번
문제	풀이

회	번
문제	풀이

회	번
문제	풀이

회	번
문제	풀이

월 일
분 초

213×34의 계산 ①

세자리수 × 몇의 값과 세자리수 × 몇십의 값을 더합니다.

$213 \times 4 = 852$
$213 \times 30 = 6390$
$213 \times 34 = 7242$

일의 자리의 곱과 십의 자리의 곱을 구해서 두 값을 더합니다.

① [앞의 수 213]과 [뒤의 수 일의 자리 4]의 값을 구합니다.
② [앞의 수 213]과 [뒤의 수 십의 자리 30]의 값을 구합니다.
③ [①의 값]과 [②의 값] 더하면 34의 곱을 구할 수 있습니다.

213×34의 계산 ② (밑으로 계산, 세로셈)

213×4의 값과 213×30의 값을 구해 더합니다.

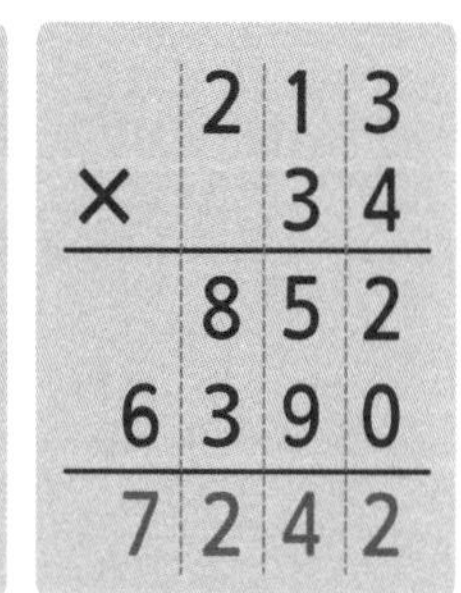

	213 × 34	213 × 34	213 × 34
	852	852	852
		6390	6390
			7242
	① 213와 4의 곱을 계산합니다.	① 213 × 30의 값을 자리에 맞춰 적습니다.	③ 두 값을 자리에 맞춰 더합니다..

아래 곱셈의 값을 구하세요.

01. $307 \times 3 = 921$
$307 \times 40 = 12280$
$307 \times 43 =$ ☐

02. $434 \times 5 = 2170$
$434 \times 60 = 26040$
$434 \times 65 =$ ☐

03. $221 \times 6 =$
$221 \times 50 =$
$221 \times 56 =$

04. $517 \times 4 =$
$517 \times 20 =$
$517 \times 24 =$

05.

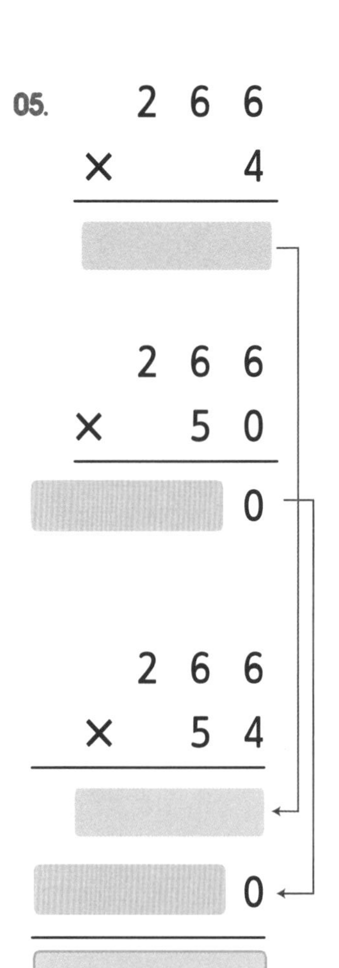

266 × 4 = ☐

266 × 50 = ☐0

266 × 54:
☐
☐0
☐

06.

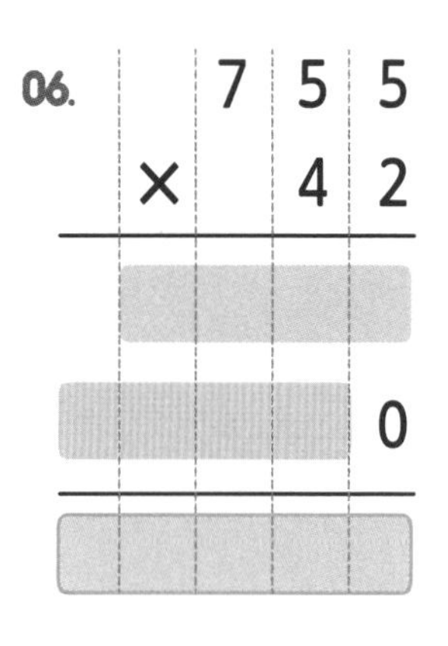

755 × 42:
☐
☐0
☐

07.

472 × 68

 이어서 나는 ☐ 을(를) 공부/연습할거야!!

17 세자리수 × 몇십몇 (연습1)

아래 곱셈의 값을 구하세요.

01. $727 \times 8 = 5816$
$727 \times 90 = 65430$
$727 \times 98 =$

02. $486 \times 4 = 1944$
$486 \times 70 = 34020$
$486 \times 74 =$

03. $537 \times 6 =$
$537 \times 20 =$
$537 \times 26 =$

04. $896 \times 3 =$
$896 \times 50 =$
$896 \times 53 =$

05.
$$\begin{array}{r} 648 \\ \times \quad 15 \\ \hline \square \\ \square 0 \\ \hline \square \end{array}$$

06.
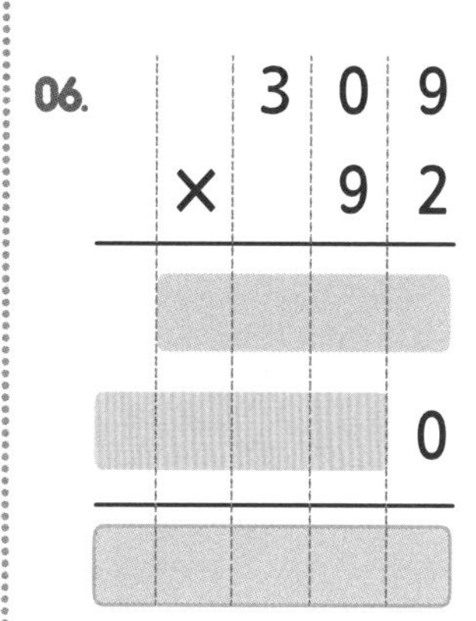
$$\begin{array}{r} 309 \\ \times \quad 92 \\ \hline \square \\ \square 0 \\ \hline \square \end{array}$$

07.
$$\begin{array}{r} 257 \\ \times \quad 59 \\ \hline \square \\ \square 0 \\ \hline \square \end{array}$$

08.
$$\begin{array}{r} 869 \\ \times \quad 24 \\ \hline \end{array}$$

09.
$$\begin{array}{r} 368 \\ \times \quad 33 \\ \hline \end{array}$$

10.
$$\begin{array}{r} 139 \\ \times \quad 65 \\ \hline \end{array}$$

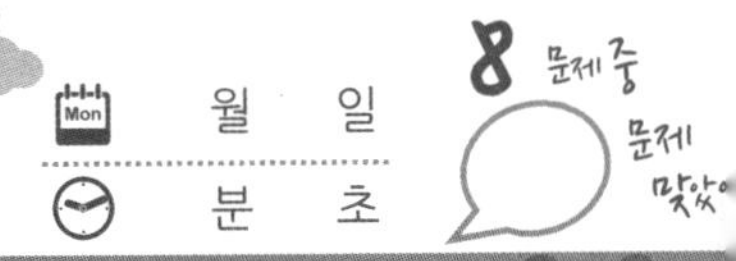

월 일
분 초

아래 곱셈의 값을 구하세요.

01. $992 \times 9 = 8928$

$992 \times 80 = 79360$

$992 \times 89 =$

02.

$$\begin{array}{r} 918 \\ \times \quad 3 \\ \hline 2754 \end{array}$$

$$\begin{array}{r} 918 \\ \times \quad 60 \\ \hline 55080 \end{array}$$

$$\begin{array}{r} 918 \\ \times \quad 63 \\ \hline \square \\ \square 0 \\ \hline \square \end{array}$$

03.

$$\begin{array}{r} 569 \\ \times \quad 33 \\ \hline \square \\ \square 0 \\ \hline \square \end{array}$$

04.

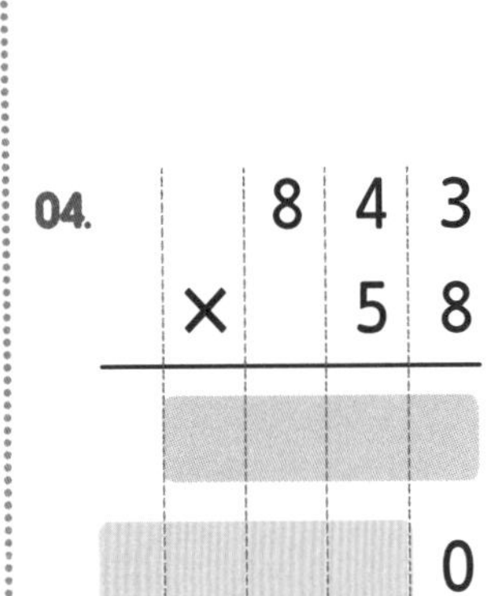

$$\begin{array}{r} 843 \\ \times \quad 58 \\ \hline \square \\ \square 0 \\ \hline \square \end{array}$$

05.

$$\begin{array}{r} 224 \\ \times \quad 76 \\ \hline \square \\ \square 0 \\ \hline \square \end{array}$$

06.

$$\begin{array}{r} 195 \\ \times \quad 52 \\ \hline \end{array}$$

07.

$$\begin{array}{r} 334 \\ \times \quad 69 \\ \hline \end{array}$$

08.

$$\begin{array}{r} 218 \\ \times \quad 91 \\ \hline \end{array}$$

 이어서 나는 [ ] 을(를) 공부/연습할거야!!

19 세자리수 × 몇십몇 (연습3)

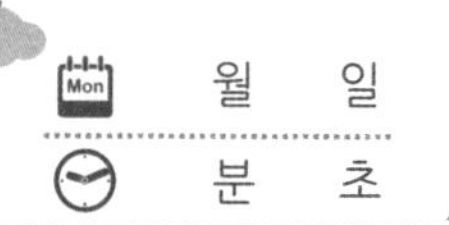

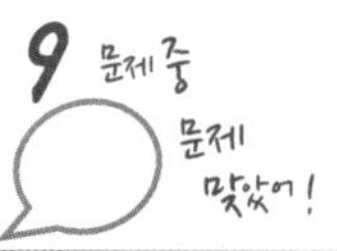

아래 곱셈의 값을 구하세요.

01. $\begin{array}{r} 279 \\ \times \quad 21 \\ \hline \end{array}$

02. $\begin{array}{r} 487 \\ \times \quad 15 \\ \hline \end{array}$

03. $\begin{array}{r} 874 \\ \times \quad 69 \\ \hline \end{array}$

04. $\begin{array}{r} 638 \\ \times \quad 37 \\ \hline \end{array}$

05. $\begin{array}{r} 556 \\ \times \quad 29 \\ \hline \end{array}$

06. $\begin{array}{r} 953 \\ \times \quad 43 \\ \hline \end{array}$

07. $\begin{array}{r} 157 \\ \times \quad 54 \\ \hline \end{array}$

08. $\begin{array}{r} 954 \\ \times \quad 61 \\ \hline \end{array}$

09. $\begin{array}{r} 409 \\ \times \quad 49 \\ \hline \end{array}$

문제) 민정이는 **180g** 짜리 한약을 **5**월 한달내내 하루도 쉬지않고 먹었습니다. 민정이가 먹은 한약은 모두 몇 g 일까요?

풀이) 1번에 먹는 한약 = 180g　5월 일수 = 31일
전체 한약 = 1번에 먹는 한약 × 5월 일수 이므로
식은 180×31 이고 값은 5580g 입니다.
따라서 한약은 모두 5580g 입니다.

식) 180×31　답) 5580g

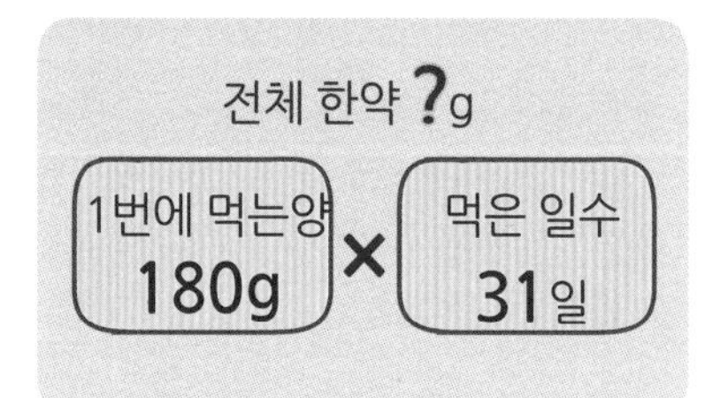

아래의 문제를 풀어보세요.

01. 과수원에서 올해 사과를 **197**상자를 팔았습니다. 한 상자에 **35**개씩 들었다면, 올해 판 사과는 모두 몇개일까요?

풀이) 사과상자 수 = ☐ 상자
1상자의 사과수 = ☐ 개
전체 사과수 = 사과 상자수 ☐ 1상자의 사과수이므로
식은 ☐ 이고
답은 ☐ 개 입니다.

식) ________ 답) ________ 개

02. 종이별을 1개 만드는데 색줄 **125**mm가 필요합니다. 우리반 학생 **24**명에게 1개씩 주려면 색줄 몇 mm가 필요할까요?

풀이) 종이별 1개에 필요한 색줄 = ☐ mm
만들 종이별 수 = ☐ 개
전체 색줄 = 1개에 필요한 색줄 ☐ 만들 수 이므로
식은 ☐ 이고
답은 ☐ 입니다.

식) ________ 답) ________ mm

03. 우리 고장의 초등학교 **267**개에 노트북 **16**대씩 준다고 합니다. 노트북은 몇 대 필요할까요?

(식 2점 답 1점)

풀이)

식) ________ 답) ________ 대

04. 내가 문제를 만들어 풀어 봅니다. (세자리수 × 두자리수)

(문제 2점 식 2점 답 1점)

풀이)

식) ________ 답) ________

확인 (틀린 문제의 수를 적고, 약한 부분을 보충하세요.)

회차	틀린문제수
16 회	문제
17 회	문제
18 회	문제
19 회	문제
20 회	문제

생각해보기

앞에서 배운 5회차 내용이 모두 이해 되었나요?

1. 모두 이해되고 자신있다. → 다음 회로 넘어 갑니다.

2. 2~3문제 틀릴 수는 있겠지만 거의 이해한다.
   → 개념부분을 한번 더 읽고 다음 회로 넘어 갑니다.

3. 잘 모르는 것 같다.
   → 개념부분과 틀린문제를 한번 더 보고 다음 회로 넘어 갑니다.

틀린 문제가 있었다면 왜 틀렸을거라고 생각합니까?

1. 개념 설명이 어려워서 잘 모르겠다. 2. 다 아는데 실수한 것 같다.

3. 빨리 끝내고 싶어서 집중할 수가 없다. 4. 하기 싫어서....

오답노트 (앞에서 틀린 문제나 기억하고 싶은 문제를 적습니다.)

회 번

문제	풀이

회 번

문제	풀이

회 번

문제	풀이

회 번

문제	풀이

회 번

문제	풀이

월 일
분 초

앞의 수에서 위의 수를 곱해서 값을 적으세요.

01.
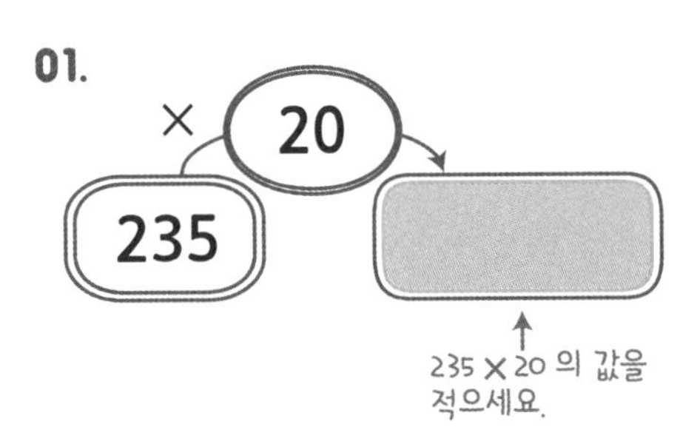

02.
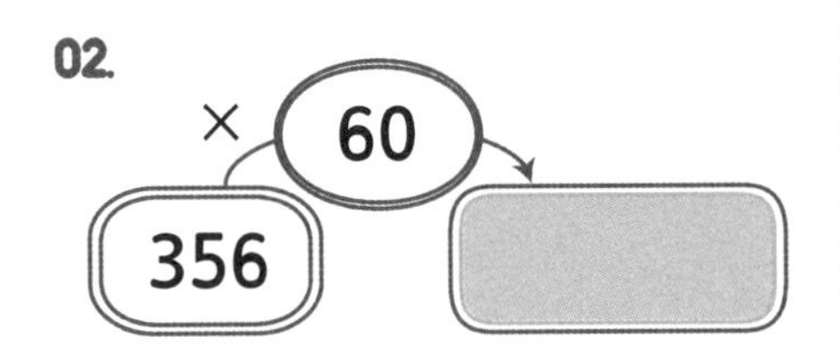

03.
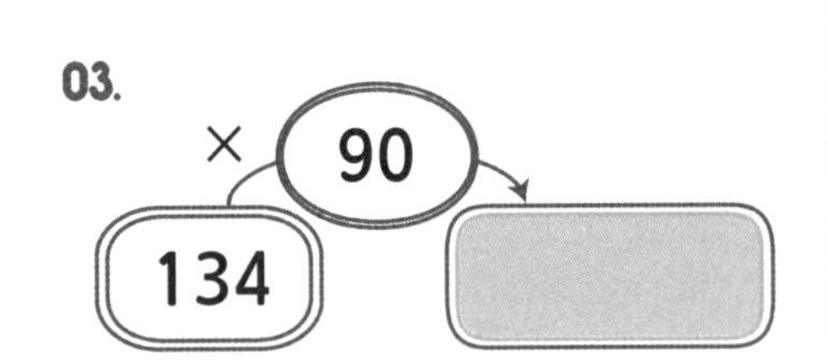

04.
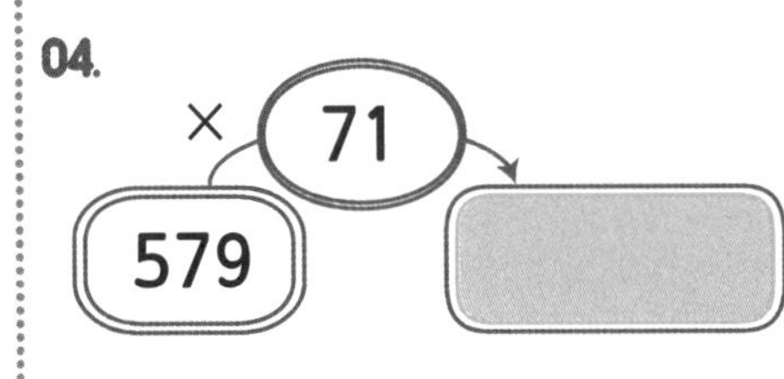

05.
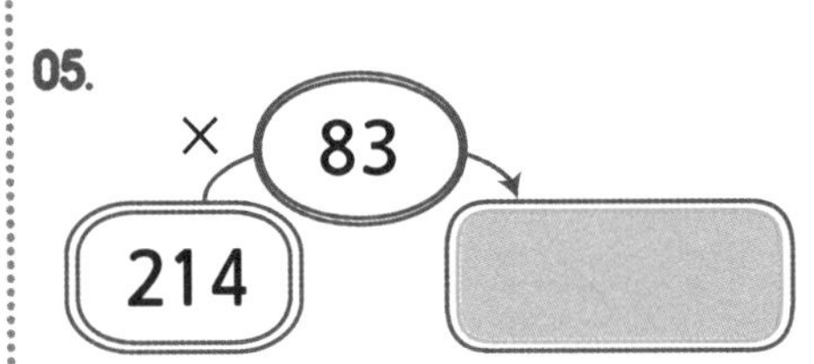

06.
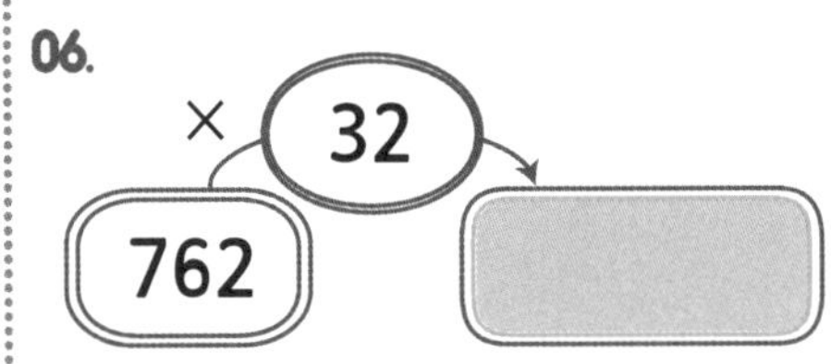

07.
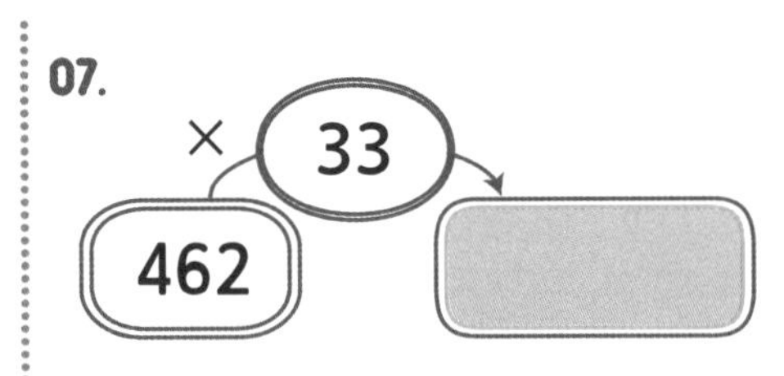

08.
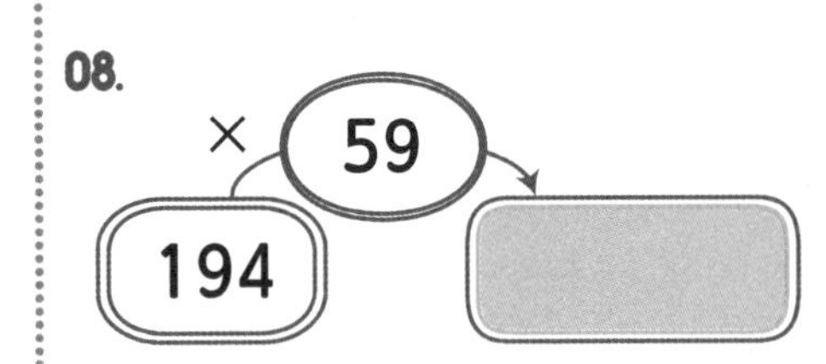

09.
× 57
471

※ 틀린 문제가 있다면 곱셈구구를 다시 외워 보고, 더한 값이 10이 넘어 자리 올림을 잘 해줬는지 확인해 봅니다.

이어서 나는 을(를) 공부/연습할거야!!

22 세자리수의 곱셈 (연습2)

리내풀기

보기와 같이 두 수를 곱해서 밑에 적어 보세요.

01.

118	70

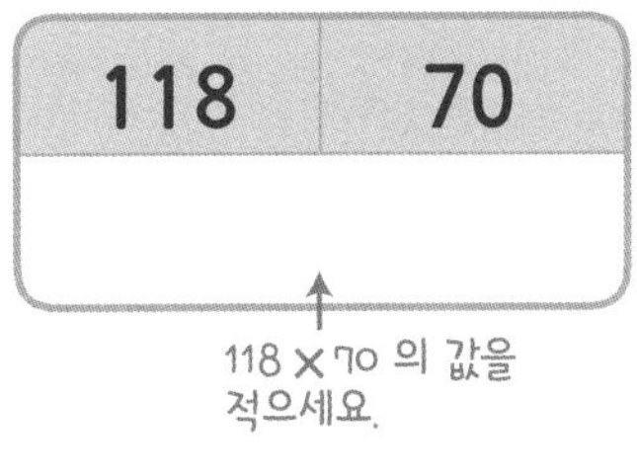

02.

589	49

03.

471	23

04.

707	54

05.

380	62

06.

163	38

07.

935	29

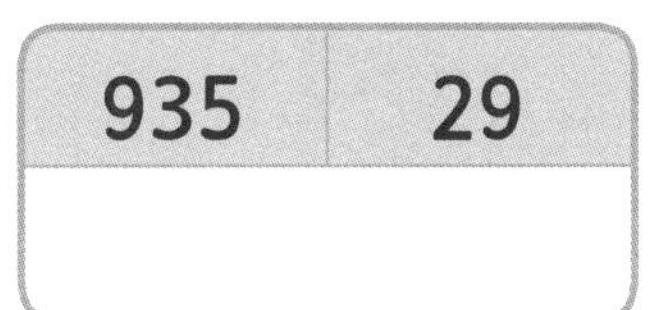

08.

337	66

09.

232	85

23 세자리수의 곱셈 (연습3)

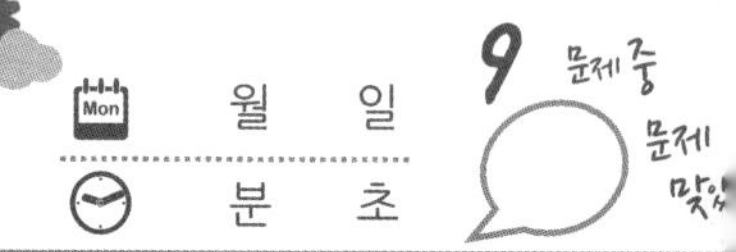

위의 숫자가 아래의 통에 들어가면 나오는 수를 계산해서 ▢에 적으세요.

01.

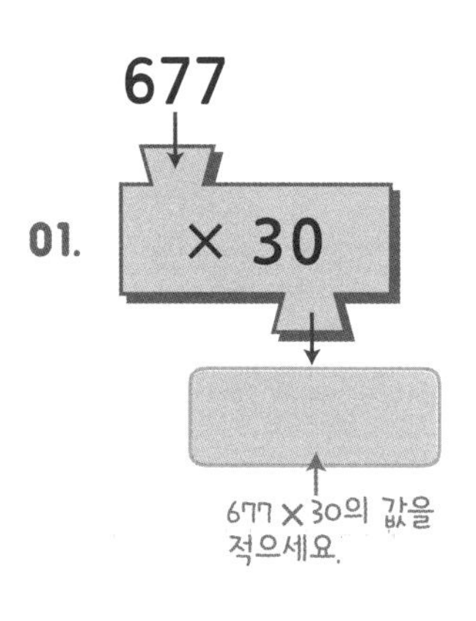

02.

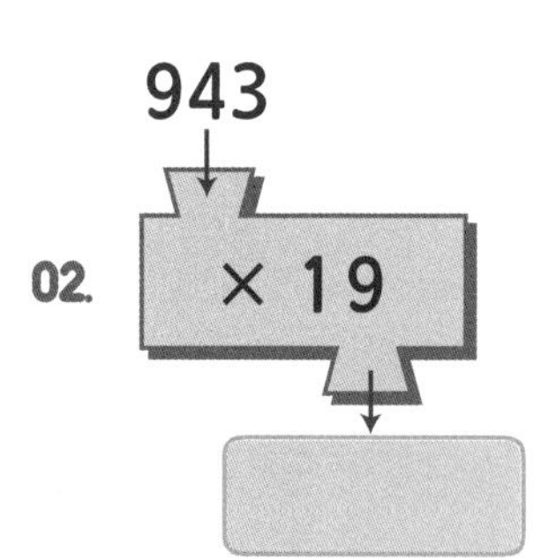

03.

113

× 48

04.

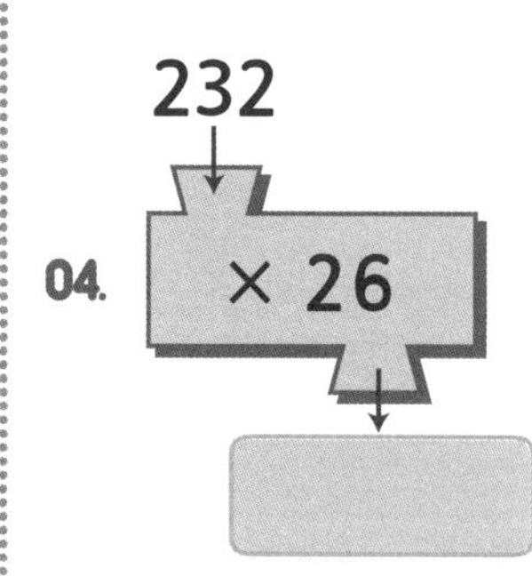

05.

533

34

06.

808

× 21

07.

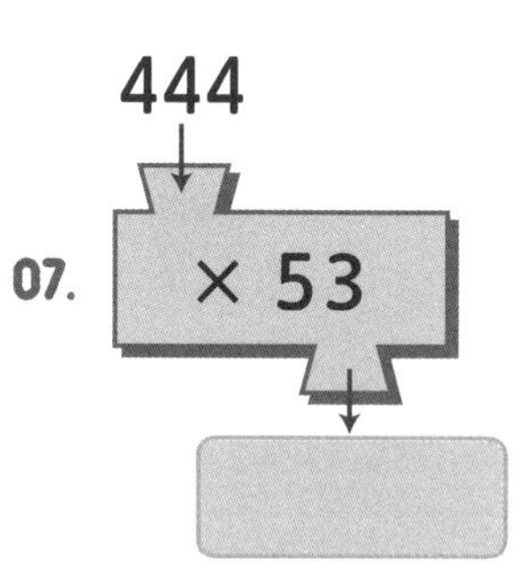

08.

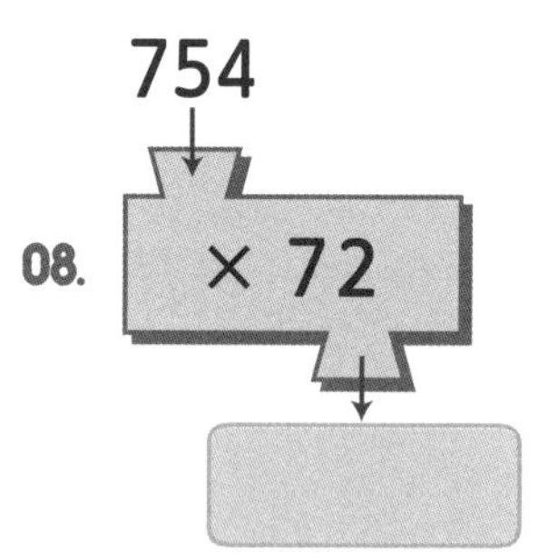

09.

568

× 67

이어서 나는 ▢ 을(를) 공부/연습할거야!!

문제) 4학년 학생 219명은 새 학기가 되어 새 교과서를 12권씩 받았습니다. 4학년 학생이 받은 새 교과서는 모두 몇 권일까요?

풀이) 4학년 학생 = 219명   새 교과서 = 12권

전체 교과서 수 = 4학년 학생 수 × 새 교과서 수 이므로

식은 219×12 이고 값은 2628권 입니다.

따라서 새 교과서는 모두 2628권 입니다.

식) 219×12   답) 2628권

전체 교과서 수
학생수 219명 × 교과서 수 12권

아래의 문제를 풀어보세요.

01. 우리반 23명에게 모두 카드를 쓰려고, 450원짜리 카드를 샀습니다. 카드를 사는데 얼마가 들었을까요?

풀이) 우리반 학생수 = ☐ 명

카드 1장의 값 = ☐ 원

전체 카드값 = 우리반 학생수 ☐ 카드 1장의 값

이므로 식은 ☐ 이고

답은 ☐ 원 입니다.

※ 2자리수 × 3자리수 = 3자리수 × 2자리수
※ ★×○=○×★

식) ____________ 답) ____________ 원

02. 민우는 4주일 동안 하루에 150개씩 줄넘기를 했다고 합니다. 지금까지 한 줄넘기는 모두 몇 개일까요?

풀이) 하루의 줄넘기 수 = ☐ 개

줄넘기를 한 날 = ☐ 주 = ☐ 일

전체 줄넘기 수 = 하루의 줄넘기 수 ☐ 줄넘기 한 날

이므로 식은 ☐ 이고

답은 ☐ 개 입니다.

식) ____________ 답) ____________ 개

03. KTX 1대에는 410개의 좌석이 있다고 합니다. KTX 24대에는 몇 명까지 좌석에 앉아서 갈 수 있을까요? (동시에)

(식 2점 답 1점)

풀이)

식) ____________ 답) ____________ 명

04. 내가 문제를 만들어 풀어 봅니다. (세자리수 × 두자리수)

(문제 2점 식 2점 답 1점)

풀이)

식) ____________ 답) ____________

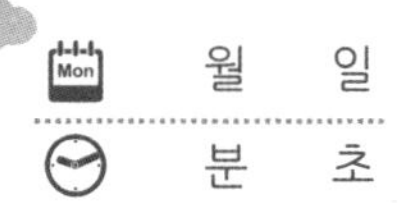

문제) 우리 학교 학생수는 **318**명이고 우리 마을은 우리 학교 학생수의 **38**배가 산다고 합니다. 우리 마을 사람들은 몇 명일까요?

풀이) 우리학교 학생수 = 318명 우리마을 사람 수 = 38배
우리마을 사람 수 = 학생수 × 몇 배 수 이므로
식은 318×38이고 값은 12084명 입니다.
따라서 우리마을에는 모두 12084명이 살고 있습니다.

식) 318×38 답) 12084명

우리마을 인구
학생수 318명 × 배수 38배

아래의 문제를 풀어보세요.

01. 1년은 **365**일입니다. 정확히 **11**년을 살면, 몇 일을 산 것 일까요?

풀이) 1년의 일수 = [   ] 일
년 수 = [   ] 년
전체 살은 날 = 1년의 일수 [ ] 년 수 이므로
식은 [   ] 이고
답은 [   ] 일 입니다.

식) ________ 답) ________ 일

02. 마을 앞산의 높이는 **130**m입니다. 한라산의 높이는 앞산의 약 **15**배라고 한다면, 한라산의 높이는 얼마일까요?

풀이) 앞산의 높이 = [   ] m
배수 = [   ] 개
한라산의 높이 = 앞산의 높이 [ ] 배수 이므로
식은 [   ] 이고
답은 [   ] m 입니다.

식) ________ 답) ________ m

03. 박물관에 견학을 갔습니다. 1명당 입장료가 **750**원이라면 우리반 학생 **28**명이 들어가려면, 얼마가 필요할까요?

(식 2점 답 1점)

풀이)

식) ________ 답) ________ 원

04. 내가 문제를 만들어 풀어 봅니다. (세자리수 × 두자리수)

(문제 2점 식 2점 답 1점)

풀이)

식) ________ 답) ________

확인 (틀린 문제의 수를 적고, 약한 부분을 보충하세요.)

회차	틀린문제수
21 회	문제
22 회	문제
23 회	문제
24 회	문제
25 회	문제

오답노트 (앞에서 틀린 문제나 기억하고 싶은 문제를 적습니다.)

회 번	
문제	풀이

회 번	
문제	풀이

회 번	
문제	풀이

회 번	
문제	풀이

회 번	
문제	풀이

생각해보기

앞에서 배운 5회차 내용이 모두 이해 되었나요?

1. 모두 이해되고 자신있다. → 다음 회로 넘어 갑니다.

2. 2~3문제 틀릴 수는 있겠지만 거의 이해한다.
   → 개념부분을 한번 더 읽고 다음 회로 넘어 갑니다.

3. 잘 모르는 것 같다.
   → 개념부분과 틀린문제를 한번 더 보고 다음 회로 넘어 갑니다.

틀린 문제가 있었다면 왜 틀렸을거라고 생각합니까?

1. 개념 설명이 어려워서 잘 모르겠다. 2. 다 아는데 실수한 것 같다.

3. 빨리 끝내고 싶어서 집중할 수가 없다. 4. 하기 싫어서....

26 몇백몇십 ÷ 몇십

월 일
분 초

8 문제 중 문제 맞음

120 ÷ 40 의 몫 구하기 ① (12÷4와 같습니다.)

12개를 똑같이 4개씩 묶으면 3 묶음이 됩니다.

$12 \div 4 = 3$

120개를 똑같이 40개씩 묶으면 3 묶음이 됩니다.

$120 \div 40 = 3$

120 ÷ 40의 몫 구하기 ② (세로셈으로 구하기)

40) 120 ➡ 40) 120

3 ← 몫

120 ← 40×3

0

120÷40의 몫과 나머지는 양쪽 모두 0을 한개씩 지운 12÷4의 몫과 나머지와 같습니다.

아래 나눗셈의 몫을 구하세요.

01. $8 \div 2 =$
$80 \div 20 =$

02. $9 \div 3 =$
$90 \div 30 =$

03. $25 \div 5 =$
$250 \div 50 =$

04. $21 \div 7 =$
$210 \div 70 =$

나눗셈식의 몫을 세로식을 이용하여 구하세요.

05. $40 \div 20 =$

20) 4 0

검산) 20× ☐ =40

07. $810 \div 90 =$

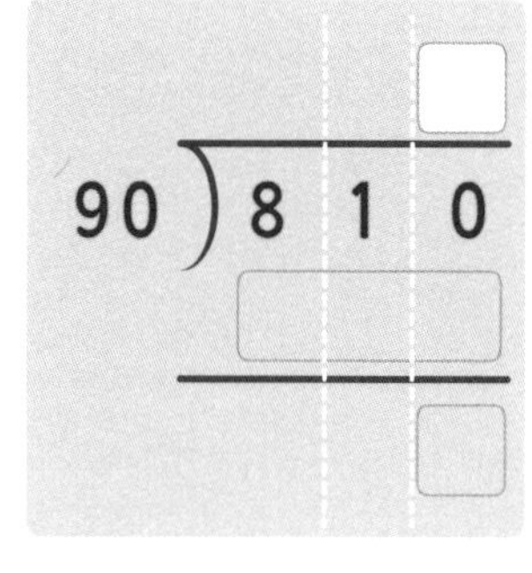

90) 8 1 0

검산)

06. $560 \div 80 =$

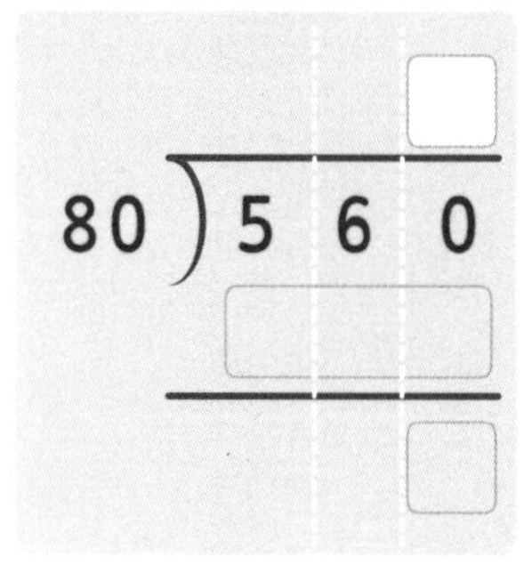

80) 5 6 0

검산)

08. $490 \div 70 =$

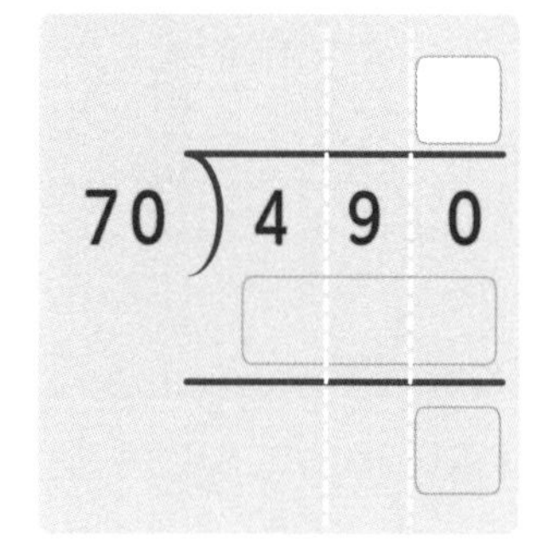

70) 4 9 0

검산)

※ 곱셈은 두수의 0의 수만큼 뒤에 0이 붙고, 나눗셈은 두 수의 0을 같은 수만큼 없애 주고 나눈 값과 같습니다.
50 × 30 = 1500, 10 × 100 = 1000 40÷20 = 4 ÷ 2 = 2, 150÷50 = 15 ÷ 5 = 3

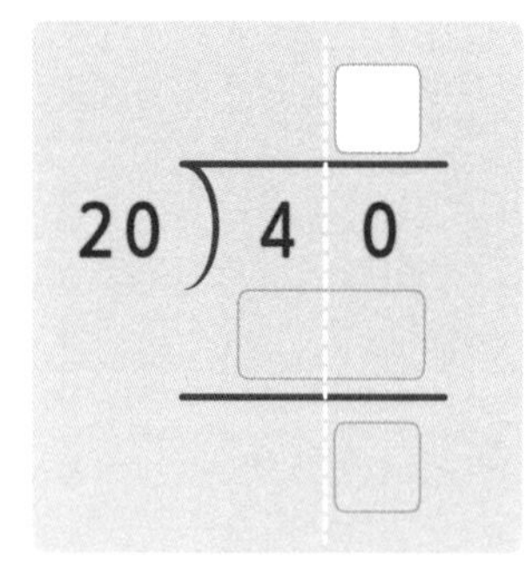

이어서 나는 ☐ 을(를) 공부/연습할거야!!

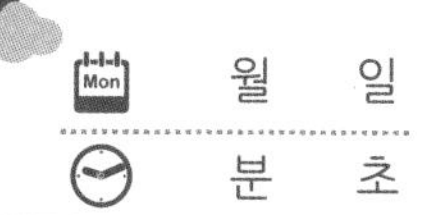

아래 나눗셈의 몫을 구하세요.

01. $6 \div 3 =$ ☐
$60 \div 30 =$ ☐

02. $8 \div 4 =$
$80 \div 40 =$

03. $16 \div 8 =$
$160 \div 80 =$

04. $28 \div 7 =$
$280 \div 70 =$

05. $72 \div 9 =$
$720 \div 90 =$

나눗셈식의 몫을 세로식을 이용하여 구하세요.

06. $40 \div 10 =$

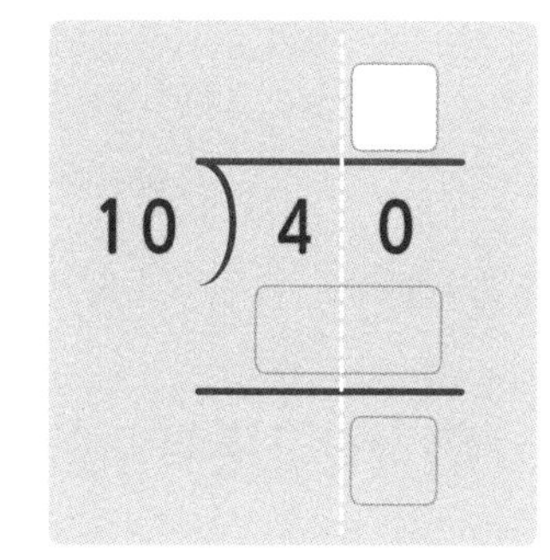

검산)

07. $400 \div 50 =$

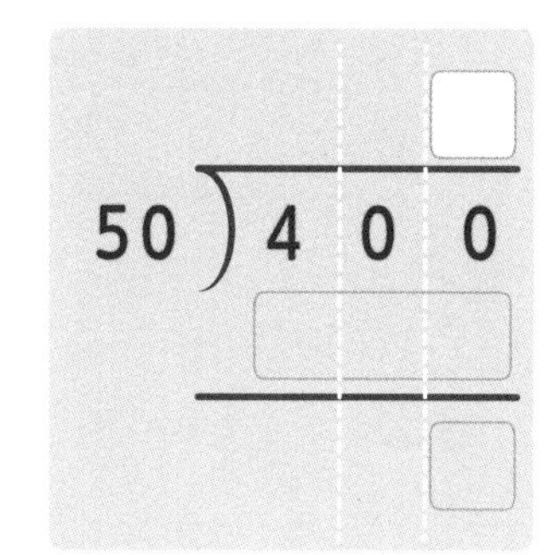

검산)

08. $540 \div 60 =$

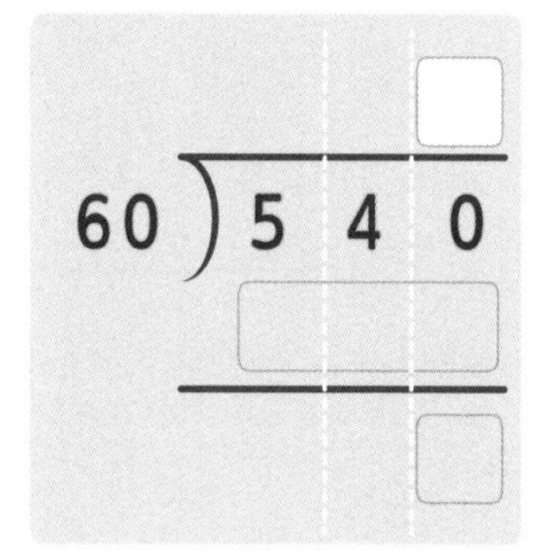

검산)

09. $240 \div 30 =$

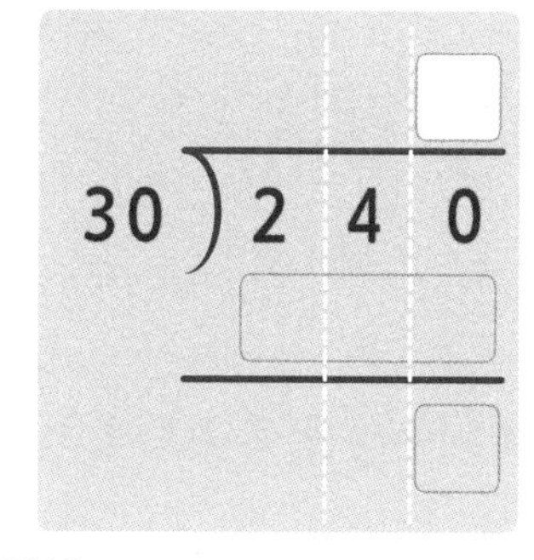

검산)

10. $360 \div 40 =$

검산)

11. $450 \div 90 =$

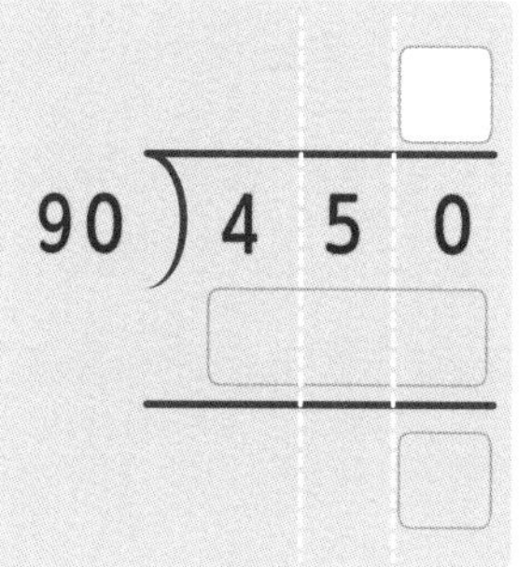

검산)

두자리수를 몇십으로 나누기

64 ÷ 20의 계산

20×1=20
20×2=40 ← 64-40의 값이 나누는 수보다 큼
20×3=60 ← 64-60의 값이 나누는 수보다 작음
20×4=80 ← 64에서 80을 뺄 수 없음

$$\begin{array}{r} 3 \\ 20\overline{)\,64} \\ 60 \\ \hline 4 \end{array}$$

3 ← 몫, 4 ← 나머지

검산식) 20×3+4=64

세자리수를 몇십으로 나누기

231 ÷ 40의 계산

40×3=120
40×4=160 ← 231-160의 값이 나누는 수보다 큼
40×5=200 ← 231-200의 값이 나누는 수보다 작음
40×6=240 ← 231에서 240을 뺄 수 없음

$$\begin{array}{r} 5 \\ 40\overline{)\,231} \\ 200 \\ \hline 31 \end{array}$$

5 ← 몫, 31 ← 나머지

검산식) 40×5+31=231

아래 나눗셈을 풀어보세요.

01.
20 × 2 = ☐
20 × 3 = ☐
20 × 4 = ☐
94 ÷ 20 = ☐ … ☐

검산) 20× ☐ + ☐ =94

02.
30 × 5 = ☐
30 × 6 = ☐
30 × 7 = ☐
231÷ 30 = ☐ … ☐

검산) 30× ☐ + ☐ =231

나눗셈식의 몫과 나머지를 세로식을 이용하여 구하고, 검산하세요.

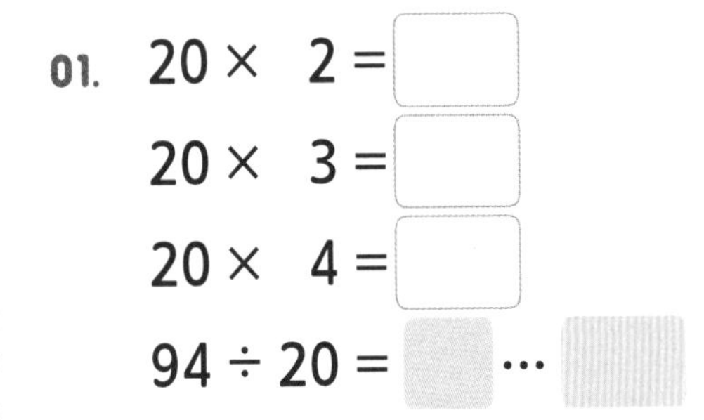

03. 76÷30= ☐ … ☐

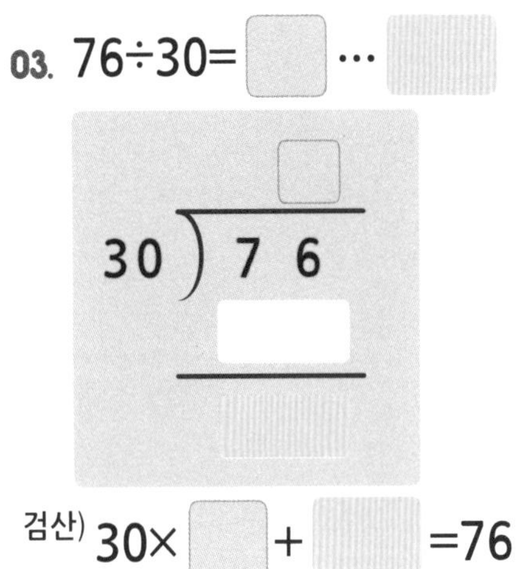

30) 7 6

검산) 30× ☐ + ☐ =76

05. 263÷40= ☐ … ☐

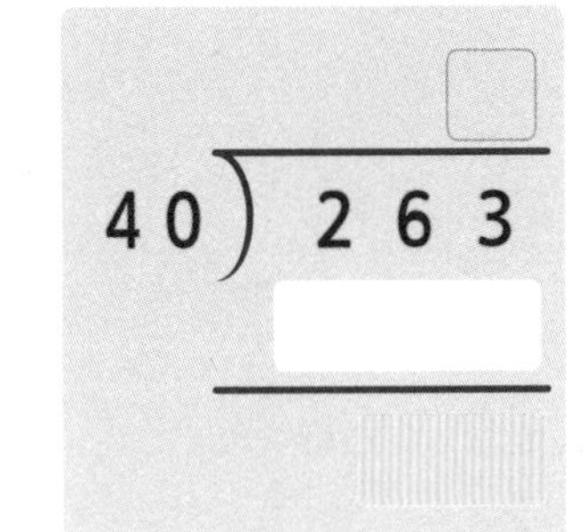

40) 2 6 3

검산) 40× ☐ + ☐ =263

04. 95÷20= ☐ … ☐

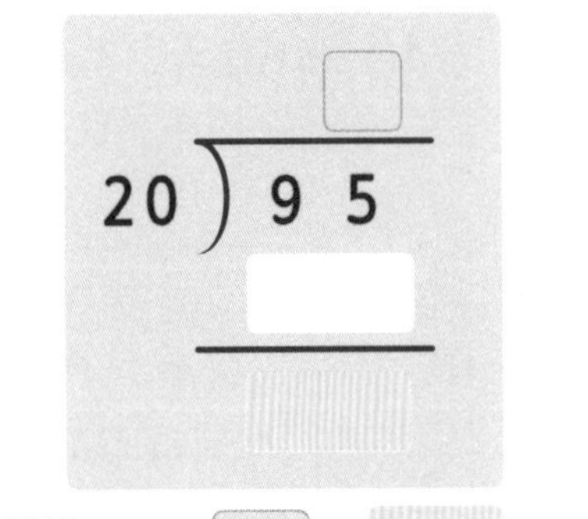

20) 9 5

검산) 20× ☐ + ☐ =95

06. 321÷50= ☐ … ☐

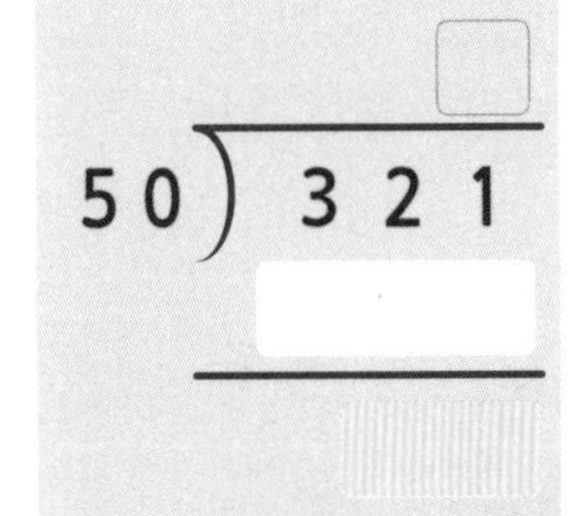

50) 3 2 1

검산) 50× ☐ + ☐ =321

※ ◻ ÷ ○ = 몫 … 나머지의 검산식은 ○ × 몫 + 나머지 = ◻ 입니다.

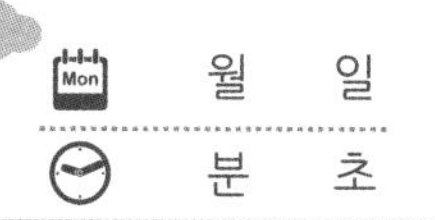

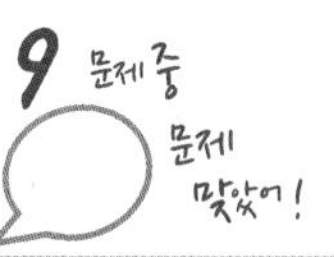

아래 나눗셈의 몫과 나머지를 구하세요.

01. $30 \times 1 = \square$

$30 \times 2 = \square$

$30 \times 3 = \square$

$63 \div 30 = \square \cdots \square$

검산) $30 \times \square + \square = 63$

02. $80 \times 4 = \square$

$80 \times 5 = \square$

$80 \times 6 = \square$

$454 \div 80 = \square \cdots \square$

검산) $80 \times \square + \square = 454$

03. $60 \times 7 = \square$

$60 \times 8 = \square$

$60 \times 9 = \square$

$503 \div 60 = \square \cdots \square$

검산) $60 \times \square + \square = 503$

04. $45 \div 20 = \square \cdots \square$

검산)

05. $167 \div 30 = \square \cdots \square$

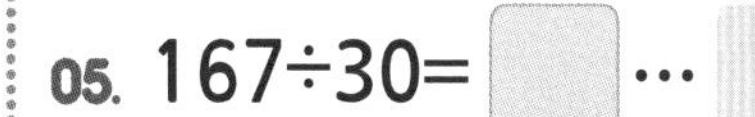

검산)

06. $372 \div 90 = \square \cdots \square$

검산)

07. $465 \div 50 = \square \cdots \square$

검산)

08. $783 \div 90 = \square \cdots \square$

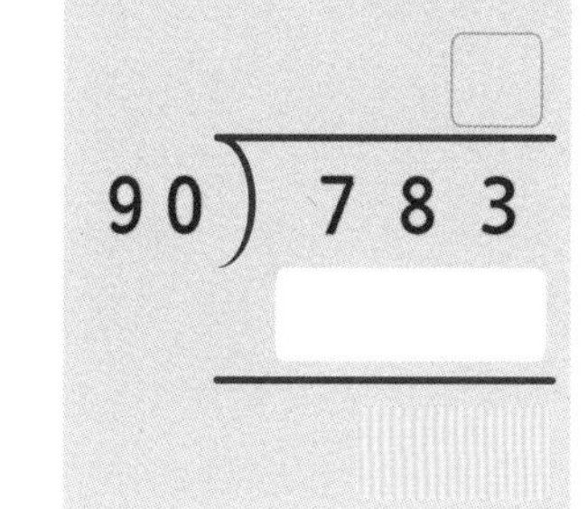

검산)

09. $533 \div 70 = \square \cdots \square$

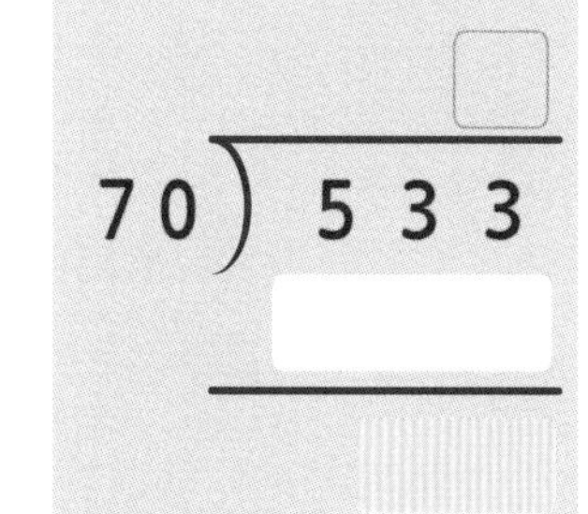

검산)

문제) 계란 270개를 30개 넣을 수 있는 판에 넣으려면 몇 개의 판이 필요할까요?

풀이) 전체 계란수 = 270　1판의 수 = 30

필요 판 수 = 전체 계란수 ÷ 1판의 수 이므로

식은 270÷30이고 값은 9판 입니다.

따라서 9개의 판이 필요합니다.

식) 270÷30　답) 9판

아래의 문제를 풀어보세요.

01. 아버지가 말씀하시기를 사과 280개를 40개의 상자에 넣으라고 하셨습니다. 상자 1개에 몇 개씩 넣어야 할까요?

풀이) 사과 수 = ☐ 개

넣을 상자 수 = ☐ 개

상자 1개에 넣을 수 = 사과 수 ☐ 상자 수 이므로

식은 ☐ 이고

답은 ☐ 개 입니다.

식) ________　답) ____ 개

02. 체육관에 160명이 앉을 의자를 놓으려고 합니다. 1줄에 의자를 20개씩 놓으면 몇 개의 줄이 될까요?

풀이) 놓을 의자 수 = ☐ 개

1줄의 의자 수 = ☐ 개

의자가 놓일 줄 수 = 놓을 의자 수 ☐ 1줄의 의자 수

이므로 식은 ☐ 이고

답은 ☐ 개 입니다.

식) ________　답) ____ 개

03. 490쪽의 책을 하루에 70쪽씩 읽으면, 몇 일만에 다 볼 수 있을까요?

(식 2점 답 1점)

풀이)

식) ________　답) ____ 일

04. 내가 문제를 만들어 풀어 봅니다. (세자리수 ÷ 몇 십)

(문제 2점 식 2점 답 1점)

풀이)

식) ________　답) ____

확인 (틀린 문제의 수를 적고, 약한 부분을 보충하세요.)

회차	틀린문제수
26 회	문제
27 회	문제
28 회	문제
29 회	문제
30 회	문제

생각해보기

앞에서 배운 5회차 내용이 모두 이해 되었나요?

1. 모두 이해되고 자신있다. → 다음 회로 넘어 갑니다.

2. 2~3문제 틀릴 수는 있겠지만 거의 이해한다.
→ 개념부분을 한번 더 읽고 다음 회로 넘어 갑니다.

3. 잘 모르는 것 같다.
→ 개념부분과 틀린문제를 한번 더 보고 다음 회로 넘어 갑니다.

틀린 문제가 있었다면 왜 틀렸을거라고 생각합니까?

1. 개념 설명이 어려워서 잘 모르겠다. 2. 다 아는데 실수한 것 같다.

3. 빨리 끝내고 싶어서 집중할 수가 없다. 4. 하기 싫어서....

오답노트 (앞에서 틀린 문제나 기억하고 싶은 문제를 적습니다.)

회 번

문제	풀이

회 번

문제	풀이

회 번

문제	풀이

회 번

문제	풀이

회 번

문제	풀이

31 두자리수 ÷ 두자리수 (1)

월 일
분 초

나머지가 없는 나눗셈 (98÷14의 계산)

몫을 6으로 어림하여 계산 — 14)98, 84, 14 — 몫을 1 크게 합니다. (+1)
나머지 14가 나누는 수 14와 같으므로 몫이 될 수 없습니다.

몫을 7로 어림하여 계산 — 14)98, 98, 0
나머지가 0으로 딱 떨어지므로 몫은 7입니다.

몫을 8로 어림하여 계산 — 14)98, 112, × — 몫을 1 작게 합니다. (−1)
98에서 112를 뺄 수 없으므로 8은 몫이 될 수 없습니다.

검산식을 이용하여 검산하기

98÷14=7

검산식) ➡ 14×7=98

항상 나머지는 나누는 수보다 작아야 합니다.
나머지가 나누는 수보다 크면 +1 해서 다시 계산하고,
뺄 수 없이 큰 수가 나오면 −1 해서 다시 계산합니다.

나눗셈식의 몫과 나머지를 세로식을 이용하여 구하고, 검산하세요.

01.
16 × 2 = ☐
16 × 3 = ☐
16 × 4 = ☐
48 ÷ 16 = ☐
검산) 16× ☐ =48

02.
32 × 2 = ☐
32 × 3 = ☐
32 × 4 = ☐
96 ÷ 32 = ☐
검산) 32× ☐ =96

03. 96÷24= ☐

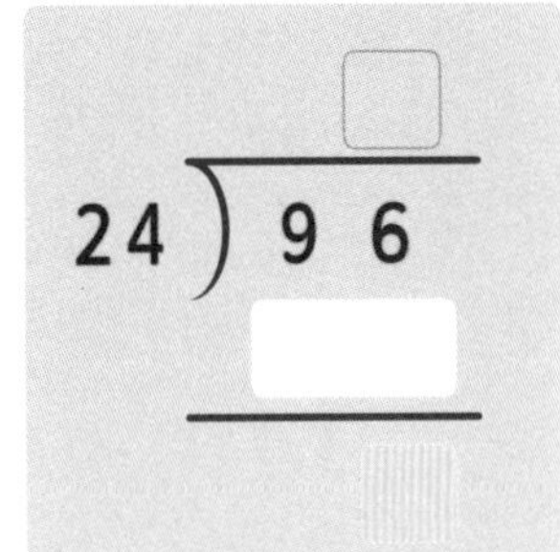

24)96

검산) 24× ☐ =96

04. 90÷18= ☐

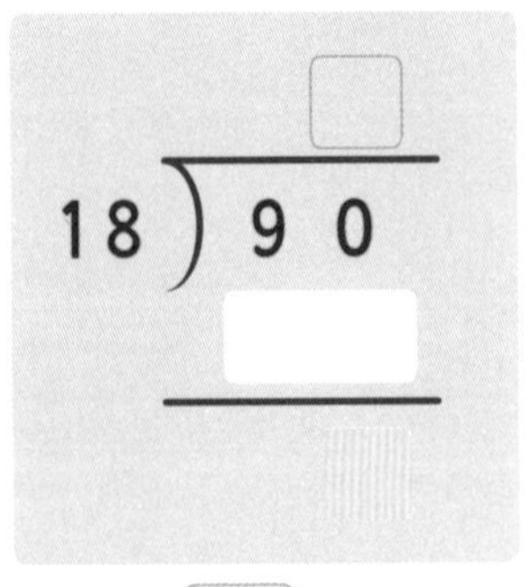

18)90

검산) 18× ☐ =90

05. 76÷19= ☐

19)76

검산) 19× ☐ =76

06. 66÷33= ☐

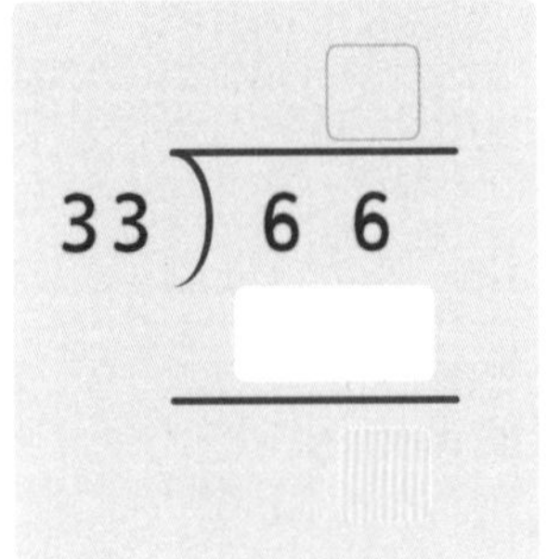

33)66

검산) 33× ☐ =66

※ 나눗셈에서 나머지는 항상 나누는 수보다 작습니다. □ ÷ ○=몫…나머지의 검산식은 ○ × 몫+나머지=□ 입니다.

이어서 나는 ☐ 을(를) 공부/연습할거야!!

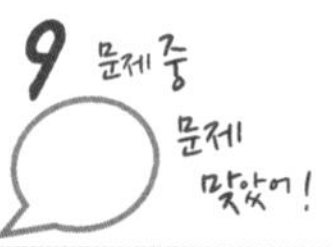

아래 나눗셈의 몫과 나머지를 구하세요.

01. $23 \times 3 =$ ☐
$23 \times 4 =$ ☐
$23 \times 5 =$ ☐
$92 \div 23 =$ ☐
검산) $23 \times$ ☐ $= 92$

02. $36 \times 1 =$ ☐
$36 \times 2 =$ ☐
$36 \times 3 =$ ☐
$72 \div 36 =$ ☐
검산) $36 \times$ ☐ $= 72$

03. $14 \times 5 =$ ☐
$14 \times 6 =$ ☐
$14 \times 7 =$ ☐
$84 \div 14 =$ ☐
검산) $14 \times$ ☐ $= 84$

04. $72 \div 36 =$ ☐

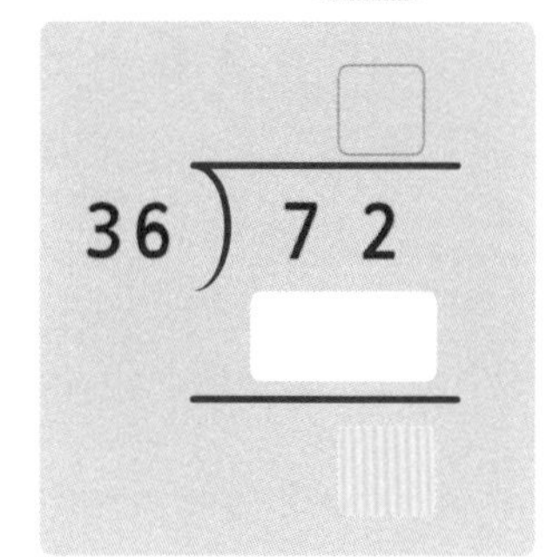

검산)

05. $60 \div 15 =$ ☐

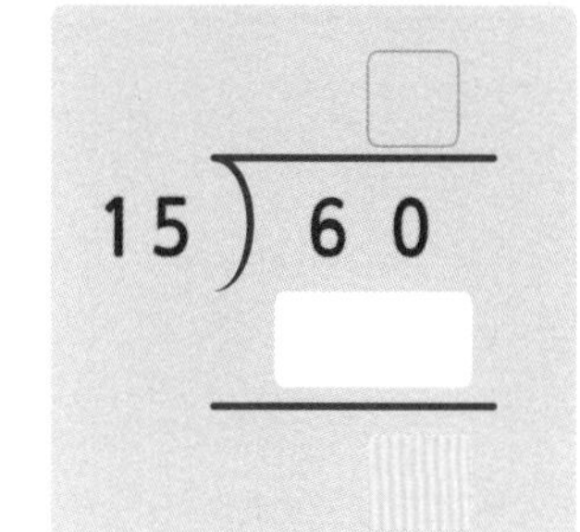

검산)

06. $54 \div 27 =$ ☐

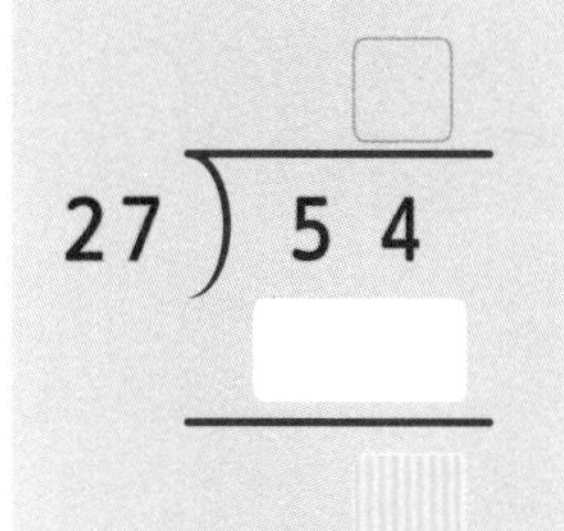

검산)

07. $76 \div 38 =$ ☐

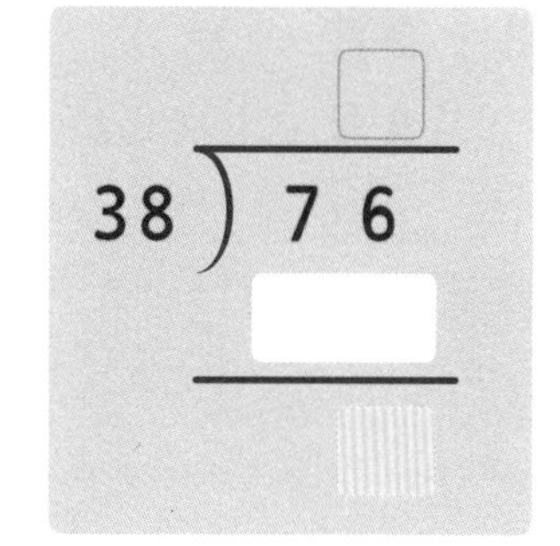

검산)

08. $95 \div 19 =$ ☐

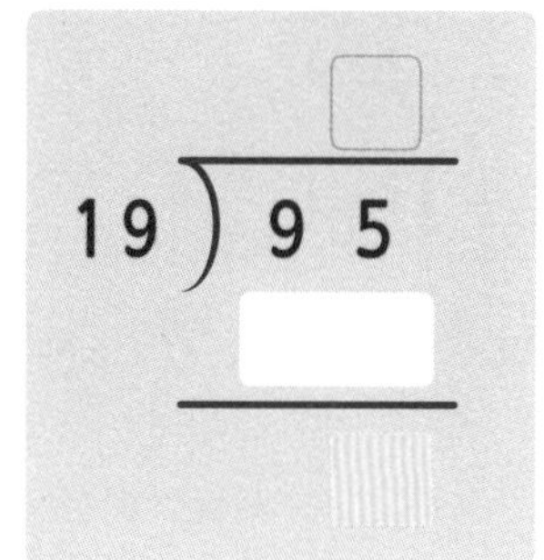

검산)

09. $92 \div 46 =$ ☐

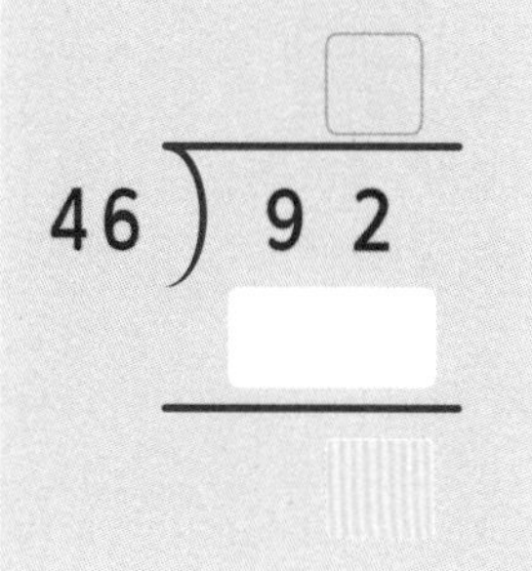

검산)

33 두자리수 ÷ 두자리수 (2)

나머지가 있는 나눗셈 (76÷16의 계산)

몫을 3으로 어림하여 계산		몫을 4로 어림하여 계산		몫을 5로 어림하여 계산
$16 \overline{)76}$ 몫 3, 48, 나머지 28 (×)	+1 (몫을 1 크게 합니다.) →	$16 \overline{)76}$ 몫 4, 64, 나머지 12 (○)	← −1	$16 \overline{)76}$ 몫 5, 80, ×
나머지 28이 나누는 수 16보다 크므로 +1해서 다시 계산해야 합니다.		나머지 12는 나누는 수 16보다 작으므로 4가 알맞은 몫이 되고, 나머지는 12가 됩니다.		76에서 80을 뺄 수 없으므로 -1해서 몫을 다시 구합니다.

검산식을 이용하여 검산하기

$76÷16=4 \cdots 12$

검산식) ➡ $16×4+12=76$

나누기에서 몫은 항상 어림하여 구합니다. 나머지를 보고 몫이 맞는지 +1,-1해야 할지 생각해서 몫을 구합니다.

나눗셈식의 몫과 나머지를 세로식을 이용하여 구하고, 검산하세요.

01.
$18 × 3 =$ ☐
$18 × 4 =$ ☐
$18 × 5 =$ ☐
$83 ÷ 18 =$ ☐ … ☐
검산) $18×$ ☐ $+$ ☐ $=83$

02.

$26 × 2 =$ ☐
$26 × 3 =$ ☐
$26 × 4 =$ ☐
$91 ÷ 26 =$ ☐ … ☐
검산) $26×$ ☐ $+$ ☐ $=91$

03. $82÷35=$ ☐ … ☐

검산) $35×$ ☐ $+$ ☐ $=82$

04. 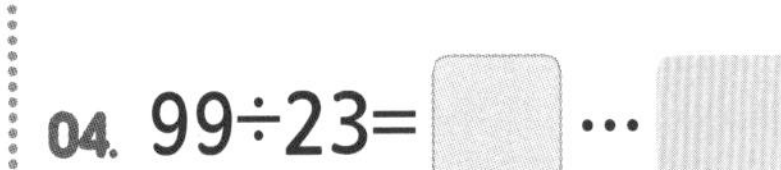
$99÷23=$ ☐ … ☐

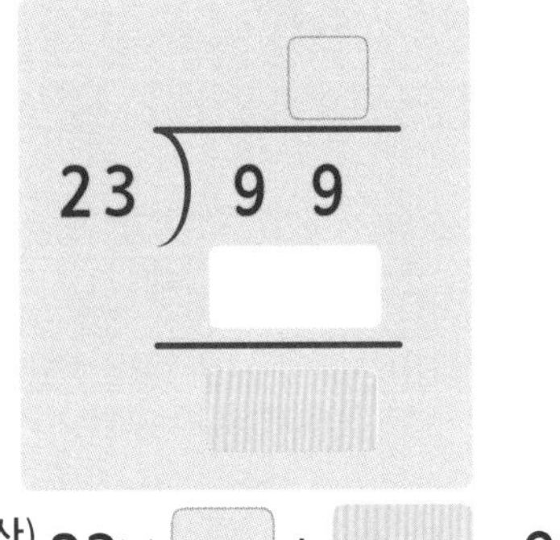

검산) $23×$ ☐ $+$ ☐ $=99$

05. $88÷16=$ ☐ … ☐

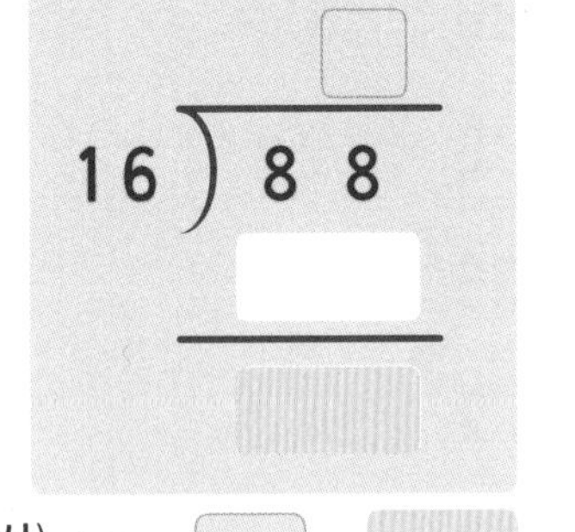

검산) $16×$ ☐ $+$ ☐ $=88$

06. $97÷27=$ ☐ … ☐

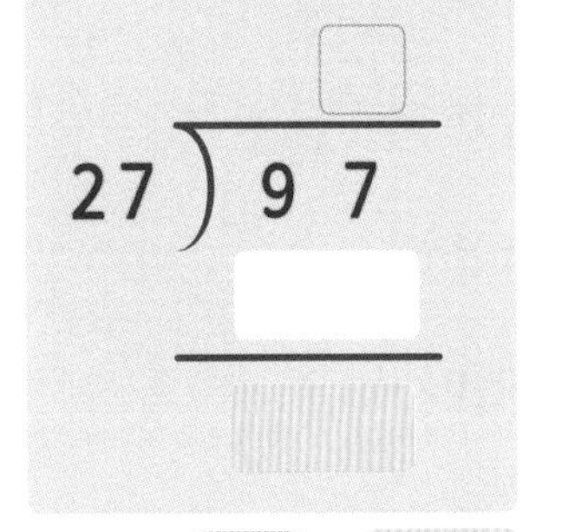

검산) $27×$ ☐ $+$ ☐ $=97$

※ 나눗셈에서 나머지는 항상 나누는 수보다 작습니다. □ ÷ ○=몫…나머지 의 검산식은 ○ × 몫+나머지=□ 입니다.

이어서 나는 ☐ 을(를) 공부/연습할거야!!

아래 나눗셈의 몫과 나머지를 구하세요.

01. 34 × 1 = ☐
34 × 2 = ☐
34 × 3 = ☐
80 ÷ 34 = ☐ … ☐
검산) 34× ☐ + ☐ =80

02. 23 × 2 = ☐
23 × 3 = ☐
23 × 4 = ☐
84 ÷ 23 = ☐ … ☐
검산) 23× ☐ + ☐ =84

03. 17 × 4 = ☐
17 × 5 = ☐
17 × 6 = ☐
93 ÷ 17 = ☐ … ☐
검산) 17× ☐ + ☐ =93

04. 85÷56= ☐ … ☐

검산)

05. 99÷15= ☐ … ☐

검산)

06. 87÷42= ☐ … ☐

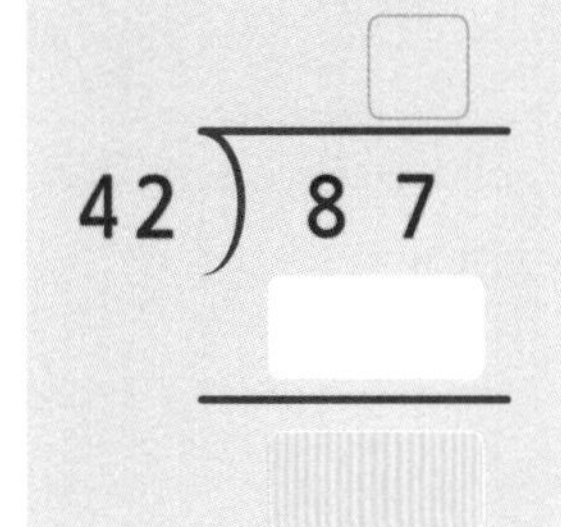

검산)

07. 79÷38= ☐ … ☐

검산)

08. 98÷19= ☐ … ☐

검산)

09. 67÷21= ☐ … ☐

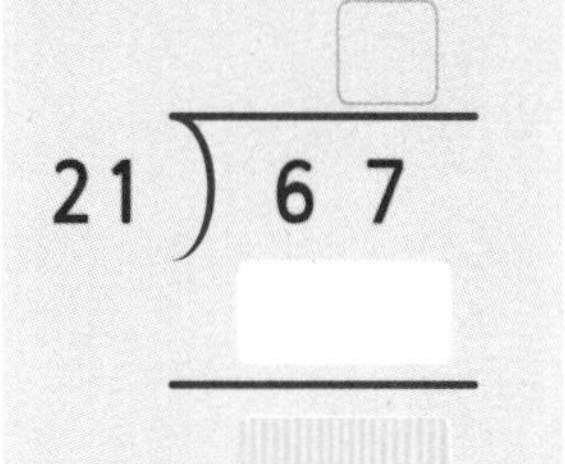

검산)

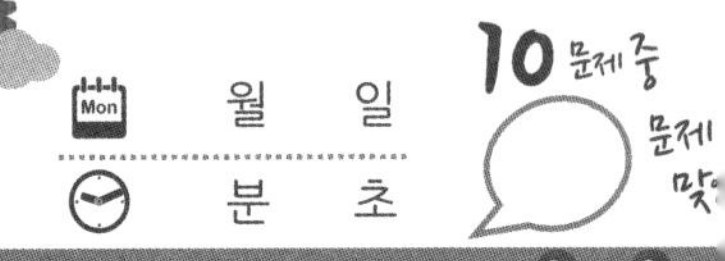

문제) 연필 1다스는 12자루가 들었습니다. 책상위에 연필이 60자루가 있으면 몇 다스가 있는 것일까요?

풀이) 연필 수 = 60자루   1다스의 수 = 12자루
구할 묶음 = 연필 수 ÷ 1다스의 수 이므로
식은 60÷12이고 이때 몫은 5입니다.
따라서 5다스가 됩니다.

식) 60÷12   답) 5다스

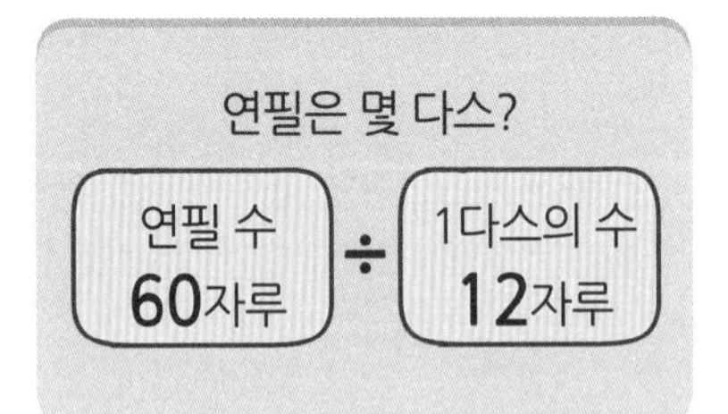

아래의 문제를 풀어보세요.

01. 4학년 학생 90명을 15명씩 모둠을 만들려고 합니다. 몇 개의 모둠이 될까요?

풀이) 전체 학생수 = ☐ 명
1모둠의 학생수 = ☐ 명
모둠 수 = 전체 학생수 ☐ 1모둠의 학생수 이므로
식은 ☐ 이고
답은 ☐ 모둠 입니다.

식) ________   답) ____ 모둠

02. 색줄 80cm를 모두 사용하여, 종이별 16개를 만들려고 합니다. 종이별 1개를 만들때 색줄 몇 cm 사용해야 할까요?

풀이) 전체 색줄 = ☐ cm
만들 종이별 수 = ☐ 개
종이별 1개의 색줄 = 전체 색줄 ☐ 만들 종이별 수
이므로 식은 ☐ 이고
답은 ☐ cm 입니다.

식) ________   답) ____ cm

03. 교육청에서 우리 고장에 노트북 84대를 주어서 초등학교 28곳에 똑같이 나눠 주려고 합니다. 몇 대씩 줘야 할까요?

(식 2점 답 1점)

풀이)

식) ________   답) ____ 대

04. 내가 문제를 만들어 풀어 봅니다. (두자리수 ÷ 두자리수)

(문제 2점 식 2점 답 1점)

풀이)

식) ________   답) ____

이어서 나는 ☐ 을(를) 공부/연습할거야!!

확인 (틀린 문제의 수를 적고, 약한 부분을 보충하세요.)

회차	틀린문제수
31 회	문제
32 회	문제
33 회	문제
34 회	문제
35 회	문제

생각해보기

앞에서 배운 5회차 내용이 모두 이해 되었나요?

1. 모두 이해되고 자신있다. → 다음 회로 넘어 갑니다.

2. 2~3문제 틀릴 수는 있겠지만 거의 이해한다.
 → 개념부분을 한번 더 읽고 다음 회로 넘어 갑니다.

3. 잘 모르는 것 같다.
 → 개념부분과 틀린문제를 한번 더 보고 다음 회로 넘어 갑니다.

틀린 문제가 있었다면 왜 틀렸을거라고 생각합니까?

1. 개념 설명이 어려워서 잘 모르겠다. 2. 다 아는데 실수한 것 같다.

3. 빨리 끝내고 싶어서 집중할 수가 없다. 4. 하기 싫어서....

오답노트 (앞에서 틀린 문제나 기억하고 싶은 문제를 적습니다.)

회	번
문제	풀이

회	번
문제	풀이

회	번
문제	풀이

회	번
문제	풀이

회	번
문제	풀이

36 세자리수 ÷ 두자리수 (1)

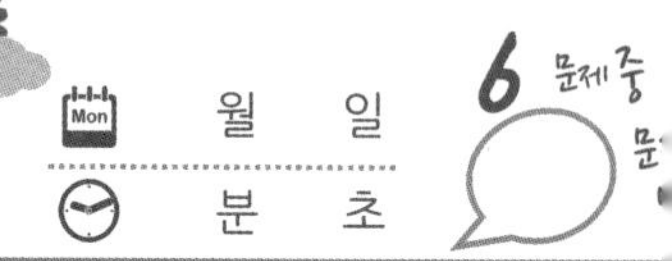

몫이 한자리수인 나눗셈 (154÷23의 계산)

몫을 5로 어림하여 계산: $23 \overline{)154}$, 몫 5, 115, 나머지 39 (×)

+1 몫을 1 크게 합니다.

몫을 6으로 어림하여 계산: $23 \overline{)154}$, 몫 6, 138, 나머지 16 (○)

−1

몫을 7로 어림하여 계산: $23 \overline{)154}$, 몫 7, 161, × (×)

나머지 39는 나누는 수 23보다 크므로 +1 해서 다시 계산해야 합니다.

나머지 16은 나누는 수 23보다 작으므로 6이 알맞은 몫이 되고, 나머지는 16이 됩니다.

154에서 161을 뺄 수 없으므로 -1해서 몫을 다시 구합니다.

검산식을 이용하여 검산하기

$154 \div 23 = 6 \cdots 16$

검산식) ➡ $23 \times 6 + 16 = 154$

나누기에서 몫은 항상 어림하여 구합니다. 나머지를 보고 몫이 맞는지 +1, −1해야 할지 생각해서 몫을 구합니다.

나눗셈식의 몫과 나머지를 세로식을 이용하여 구하고, 검산하세요.

01. 36 × 3 = ☐

36 × 4 = ☐

36 × 5 = ☐

165 ÷ 36 = ☐ … ☐

검산) 36 × ☐ + ☐ = 165

02. 25 × 7 = ☐

25 × 8 = ☐

25 × 9 = ☐

212 ÷ 25 = ☐ … ☐

검산) 25 × ☐ + ☐ = 212

03. 153 ÷ 35 = ☐ … ☐

$35 \overline{)153}$

검산) 35 × ☐ + ☐ = 153

04. 219 ÷ 62 = ☐ … ☐

$62 \overline{)219}$

검산) 62 × ☐ + ☐ = 219

05. 305 ÷ 41 = ☐ … ☐

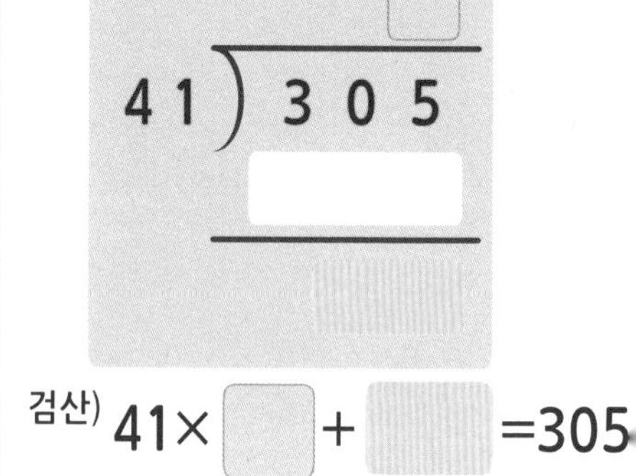

검산) 41 × ☐ + ☐ = 305

06. 468 ÷ 56 = ☐ … ☐

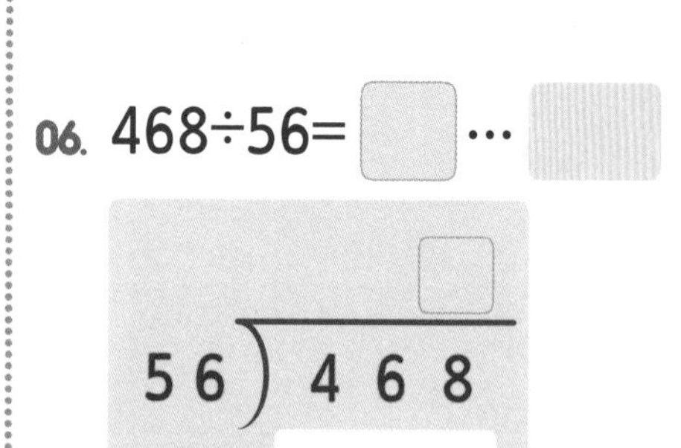

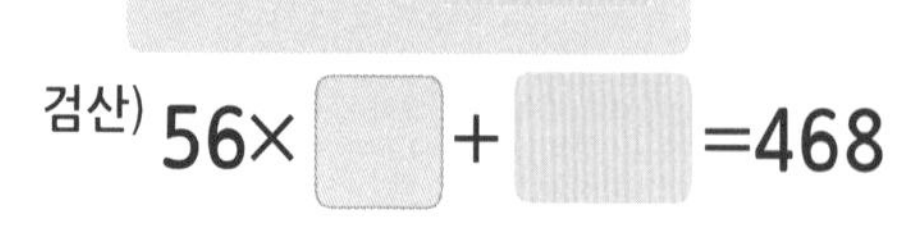

이어서 나는 ☐ 을(를) 공부/연습할거야!!

아래 나눗셈의 몫과 나머지를 구하세요.

01. 27 × 4 =
27 × 5 =
27 × 6 =
144 ÷ 27 = …

검산) 27× + =144

02. 35 × 6 =
35 × 7 =
35 × 8 =
260 ÷ 35 = …

검산) 35× + =260

03. 16 × 5 =
16 × 6 =
16 × 7 =
108 ÷ 16 = …

검산) 16× + =108

04. 148÷42= …

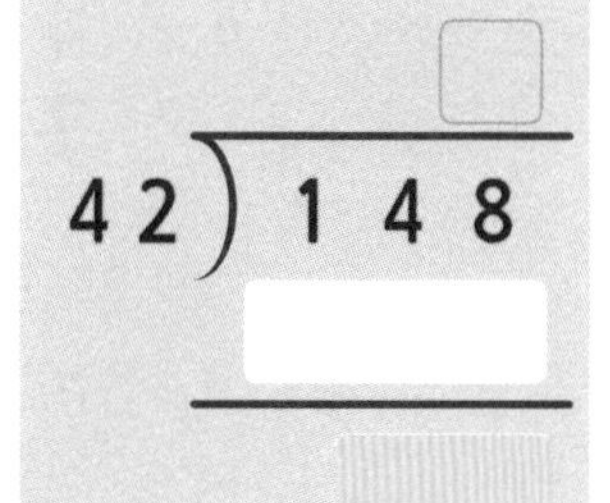

검산)

05. 377÷69= …

69) 3 7 7

검산)

06. 699÷73= …

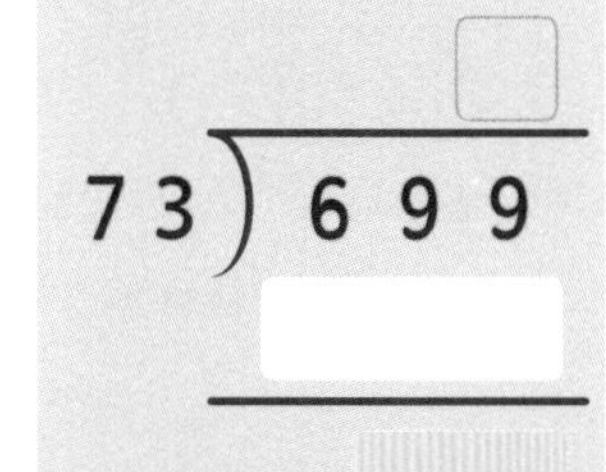

검산)

07. 141÷21= …

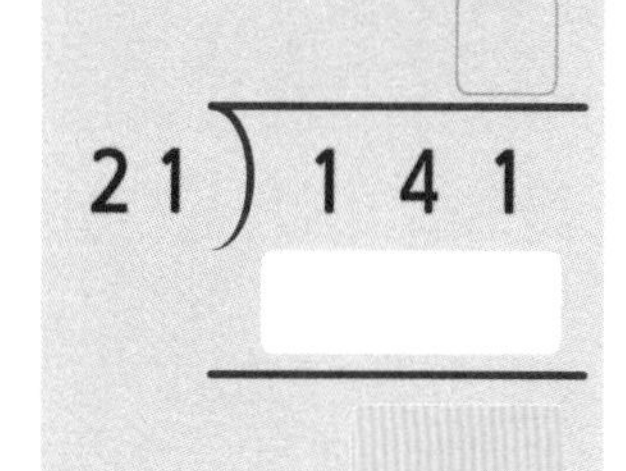

검산)

08. 279÷36= …

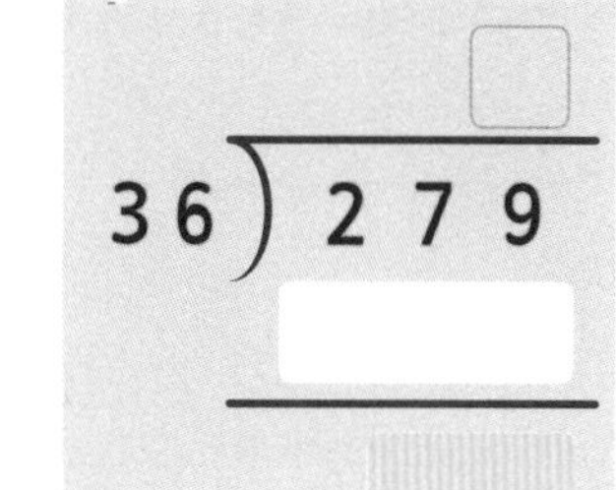

검산)

09. 190÷29= …

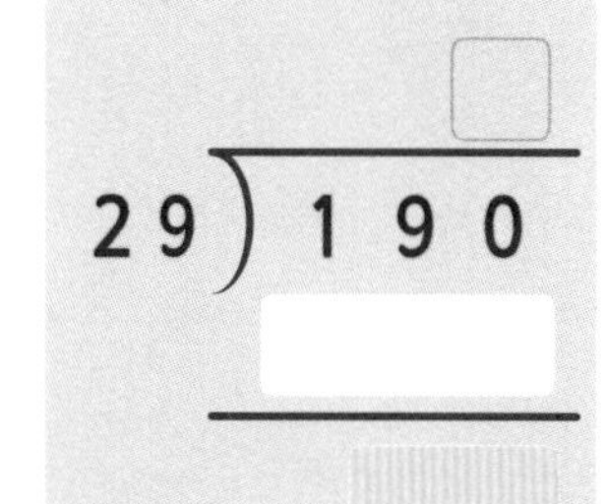

검산)

몫이 두자리수인 나눗셈 (413÷32의 계산)

① 세로셈의 형태로 바꿉니다.

② 앞의 두수 41을 32로 나눈 몫을 십의 자리에 적습니다.

③ 413의 3을 일의 자리에 내려적고 93을 32로 나눈 몫을 일의 자리에 적습니다.

$$32\overline{)413}$$ → $$\begin{array}{r} 1 \\ 32\overline{)413} \\ 32 \\ \hline 93 \end{array}$$ → $$\begin{array}{r} 12 \\ 32\overline{)413} \\ 32 \\ \hline 93 \\ 64 \\ \hline 29 \end{array}$$

12 ← 몫, 29 ← 나머지

검산식을 이용하여 검산하기

413÷32=12…29

검산식) ➡ 32×12+29=413

앞의 두자리씩 계산하여 몫을 십의 자리에 적고, 뺀 나머지를 다시 나눠 몫을 일의 자리에 적습니다. 나머지는 항상 나누는 수보다 작아야 합니다.

나눗셈식의 몫과 나머지를 세로식을 이용하여 구하고, 검산하세요.

01. 198÷16= ☐ … ☐

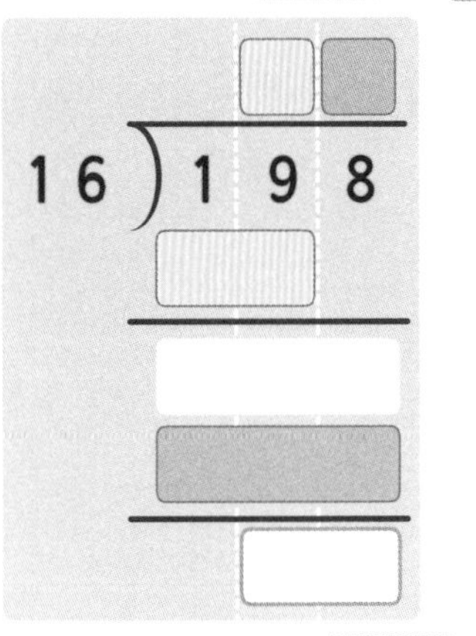

검산) 16× ☐ + ☐ =198

03. 605÷18= ☐ … ☐

검산) 18× ☐ + ☐ =605

05. 517÷42= ☐ … ☐

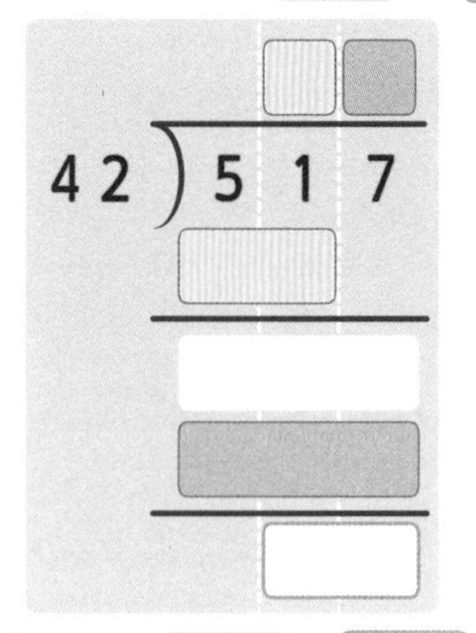

검산) 42× ☐ + ☐ =517

02. 516÷24= ☐ … ☐

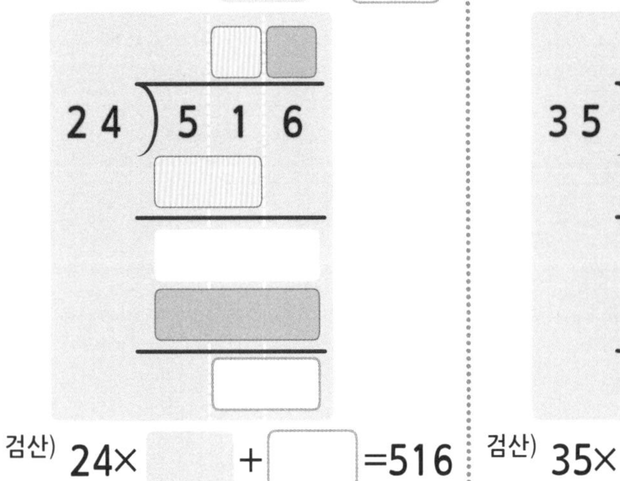

검산) 24× ☐ + ☐ =516

04. 480÷35= ☐ … ☐

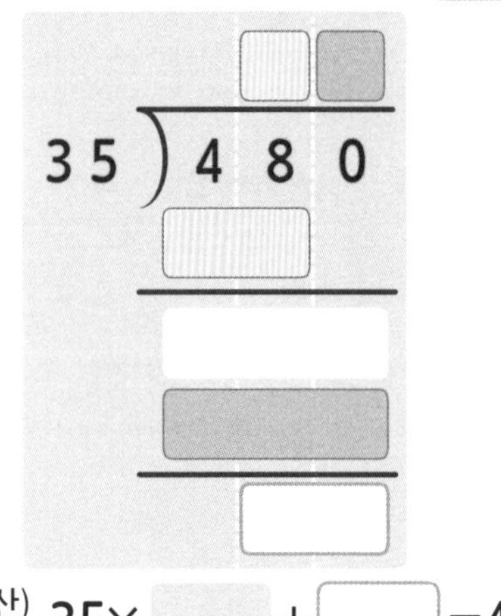

검산) 35× ☐ + ☐ =480

06. 782÷36= ☐ … ☐

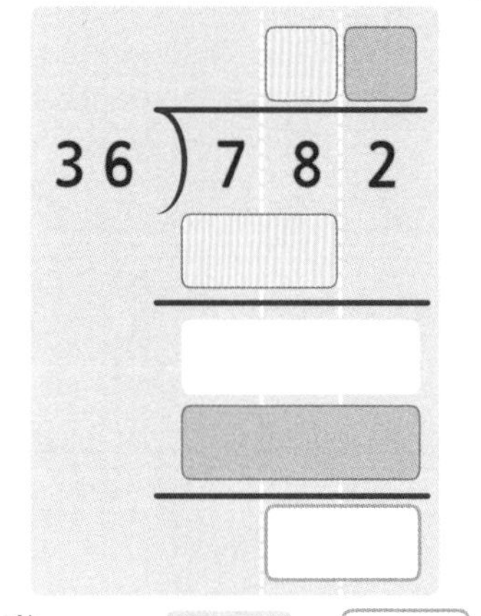

검산) 36× ☐ + ☐ =782

 이어서 나는 ☐ 을(를) 공부/연습할거야!!

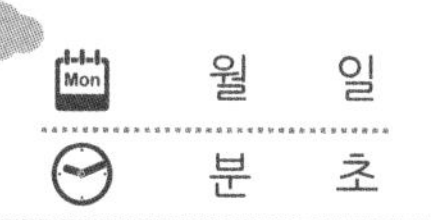
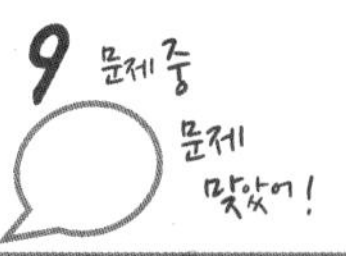

39 세자리수 ÷ 두자리수 (연습2)

월 일
분 초

아래 나눗셈의 몫과 나머지를 구하고, 검산해 보세요.

01. 403÷17= ☐ … ☐

17) 4 0 3

검산)

02. 436÷26= ☐ … ☐

26) 4 3 6

검산)

03. 817÷32= ☐ … ☐

32) 8 1 7

검산)

04. 811÷65= ☐ … ☐

65) 8 1 1

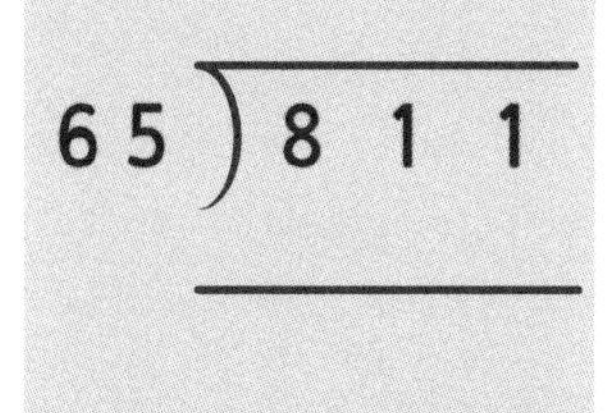

검산)

05. 873÷41= ☐ … ☐

41) 8 7 3

검산)

06. 989÷72= ☐ … ☐

72) 9 8 9

검산)

07. 928÷53= ☐ … ☐

53) 9 2 8

검산)

08. 586÷38= ☐ … ☐

38) 5 8 6

검산)

09. 479÷29= ☐ … ☐

29) 4 7 9

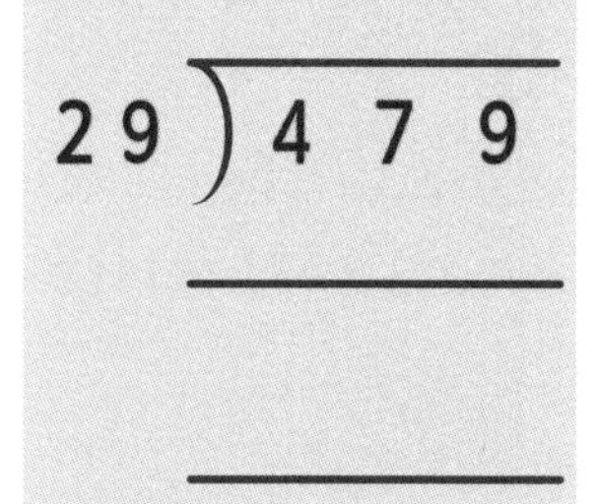

검산)

이어서 나는 ☐ 을(를) 공부/연습할거야!!

소리내 풀기 아래 나눗셈의 몫과 나머지를 구하고, 검산해 보세요.

01. $745 \div 23 =$ ☐ … ☐

검산)

04. $664 \div 54 =$ ☐ … ☐

검산)

07. $789 \div 63 =$ ☐ … ☐

검산)

02. $476 \div 16 =$ ☐ … ☐

검산)

05. $783 \div 36 =$ ☐ … ☐

검산)

08. $509 \div 19 =$ ☐ … ☐

검산)

03. $952 \div 45 =$ ☐ … ☐

검산)

06. $366 \div 27 =$ ☐ … ☐

검산)

09. $659 \div 38 =$ ☐ … ☐

검산)

이어서 나는 ☐ 을(를) 공부/연습할거야!!

확인 (틀린 문제의 수를 적고, 약한 부분을 보충하세요.)

회차	틀린문제수
36 회	문제
37 회	문제
38 회	문제
39 회	문제
40 회	문제

생각해보기

앞에서 배운 5회차 내용이 모두 이해 되었나요?

1. 모두 이해되고 자신있다. → 다음 회로 넘어 갑니다.

2. 2~3문제 틀릴 수는 있겠지만 거의 이해한다.
   → 개념부분을 한번 더 읽고 다음 회로 넘어 갑니다.

3. 잘 모르는 것 같다.
   → 개념부분과 틀린문제를 한번 더 보고 다음 회로 넘어 갑니다.

틀린 문제가 있었다면 왜 틀렸을거라고 생각합니까?

1. 개념 설명이 어려워서 잘 모르겠다. 2. 다 아는데 실수한 것 같다.

3. 빨리 끝내고 싶어서 집중할 수가 없다. 4. 하기 싫어서....

오답노트 (앞에서 틀린 문제나 기억하고 싶은 문제를 적습니다.)

회 번	
문제	풀이

회 번	
문제	풀이

회 번	
문제	풀이

회 번	
문제	풀이

회 번	
문제	풀이

41 세자리수의 나눗셈 (연습1)

월 일
분 초

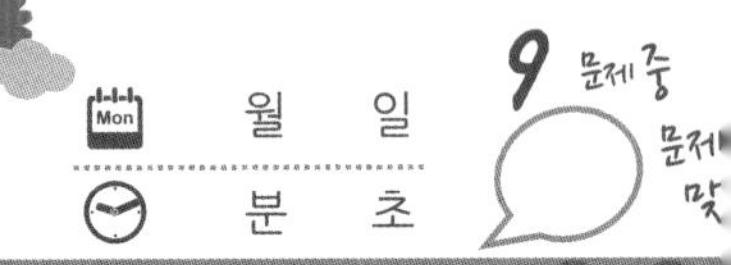

앞의 수에서 위의 수를 나눈 몫과 나머지를 적으세요.

01. ÷ 20
235 → ( )

235 ÷ 20 의 몫과 나머지를 적으세요.

02. ÷ 12
356 → ( )

03. ÷ 35
534 → ( )

04.

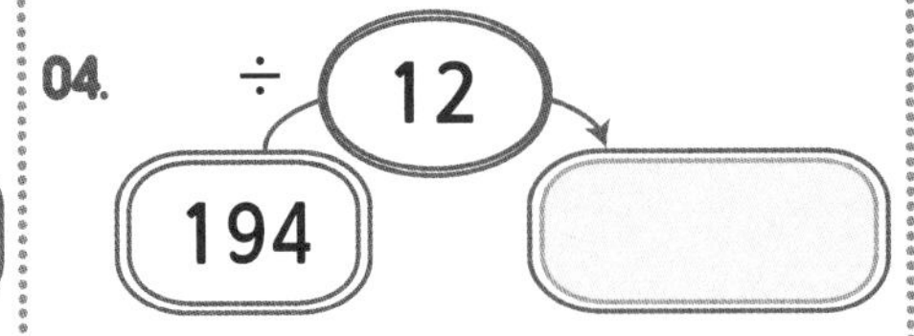

05.

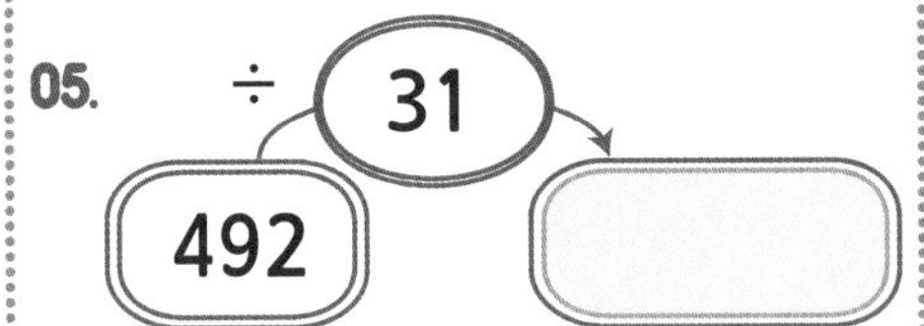

06.

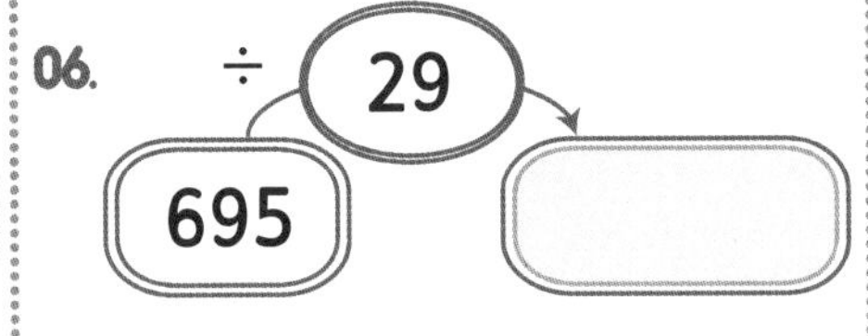

07.

08.

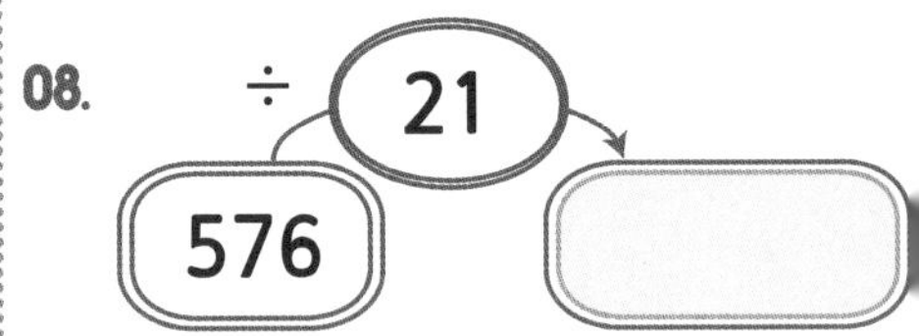

09. ÷ 30
627 → ( )

※ 틀린 문제가 있다면 곱셈구구를 다시 외워 보고, 더한 값이 10이 넘어 자리 올림을 잘 해줬는지 확인해 봅니다.

이어서 나는 ( ) 을(를) 공부/연습할거야!!

42 세자리수의 나눗셈 (연습2)

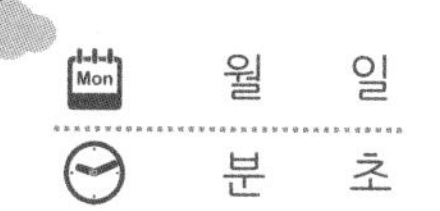

스스로 풀기 앞의 수를 뒤의 수로 나눈 몫과 나머지를 밑의 칸에 적으세요.

01.

118	70

118 ÷ 70의 몫과 나머지를 적으세요.

02.

589	49

03.

471	23

04.

707	54

05.

380	62

06.

563	38

07.

935	29

08.

337	17

09.

932	85

이어서 나는 ＿＿＿ 을(를) 공부/연습할거야!!

43 세자리수의 나눗셈 (연습3)

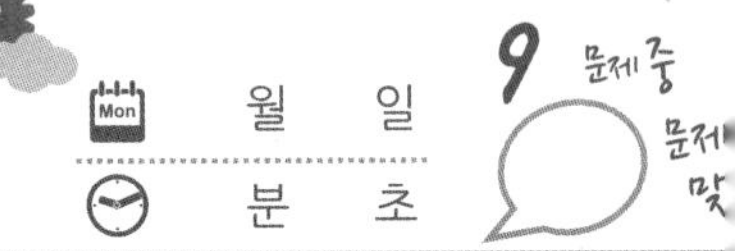

위의 수를 통 안의 수로 나눈 몫과 나머지를 밑의 칸에 적으세요.

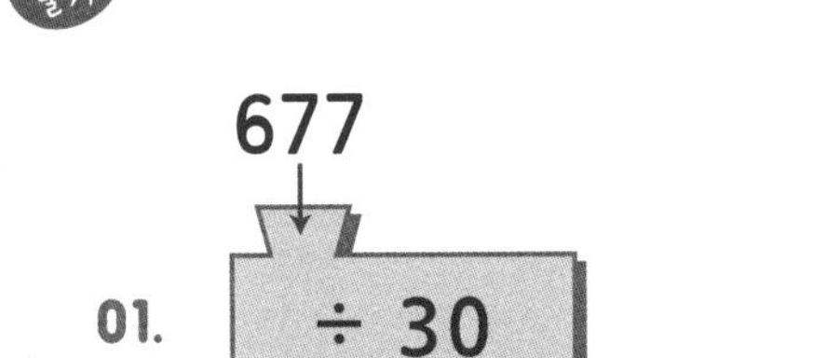

01. 677 → ÷ 30 → [ ]

677 ÷ 30의 몫과 나머지를 적으세요.

02. 943 → ÷ 19 → [ ]

03. 713 → ÷ 48 → [ ]

04. 232 → ÷ 26 → [ ]

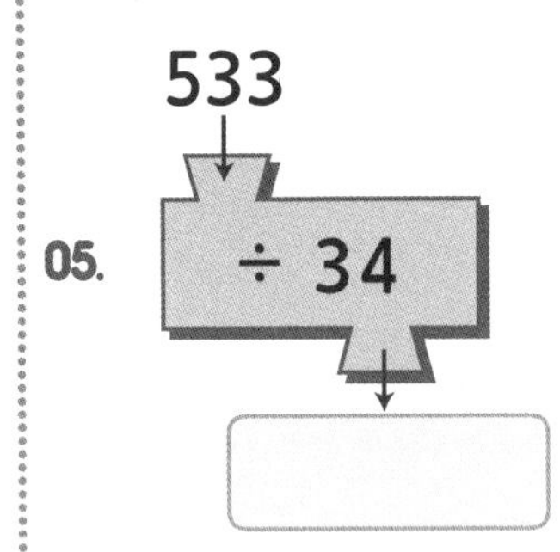

05. 533 → ÷ 34 → [ ]

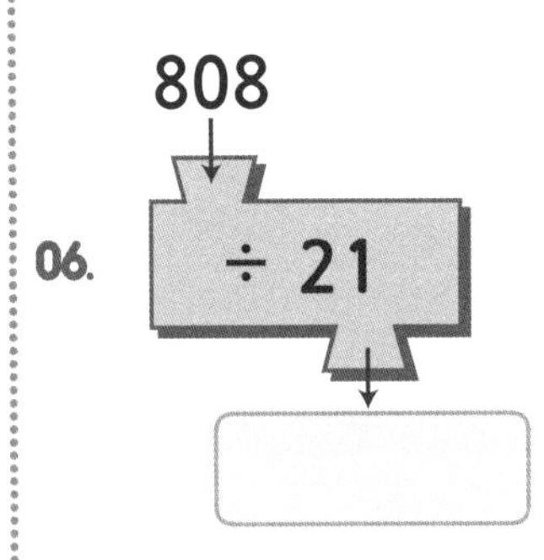

06. 808 → ÷ 21 → [ ]

07. 444 → ÷ 63 → [ ]

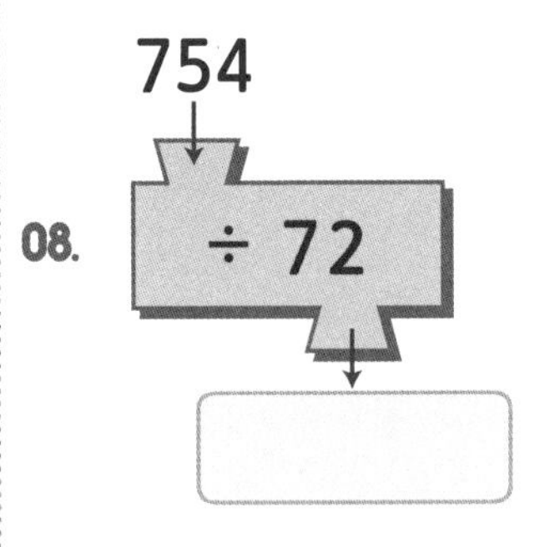

08. 754 → ÷ 72 → [ ]

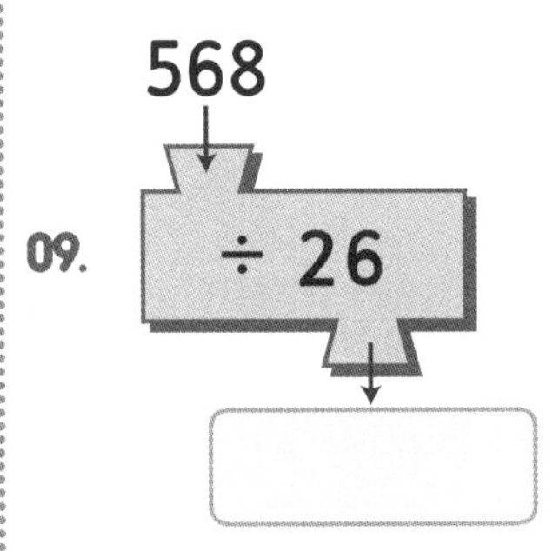

09. 568 → ÷ 26 → [ ]

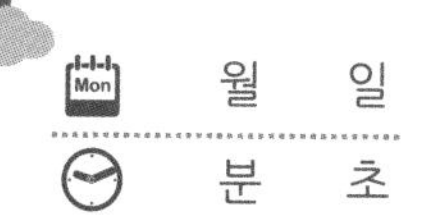

44 세자리수의 나눗셈 (생각문제1)

월 일
분 초

문제) 체육대회 상품으로 공책 **385**권을 받아, 우리반 학생 **28**명에게 똑같이 나눠주면 몇 권씩 나눠주고 몇 권이 남을까요?

풀이) 공책 수 = 385권 학생 수 = 28명

나눠주는 공색 수 = 전체 공색수 ÷ 학생수 이므로

식은 385÷28이고 몫은 13, 나머지는 21 입니다.

따라서 13권씩 나눠주고 21권이 남습니다.

식) 385÷28 답) 13권씩 주고 21권 남습니다.

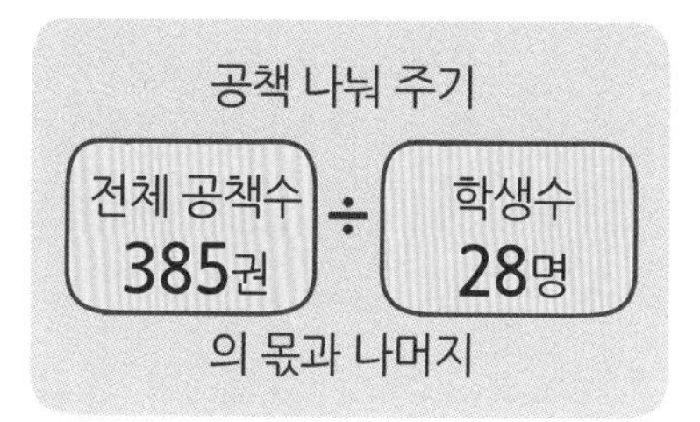

아래의 문제를 풀어보세요.

01. 천원짜리 **150**장이 있는데, 동화책 1권을 사려면 천원짜리 **11**장을 줘야합니다. 동화책은 몇권까지 살 수 있을까요?

풀이) 전체 천원짜리 = [ ] 장

동화책 1권의 가격 = 천원짜리 [ ] 장

동화책 수 = 전체 천원짜리 수 [ ] 1권을 살 수 있는

천원짜리 장수의 몫이므로 식은 [ ] 의

몫이고, [ ] 권까지 살 수 있습니다.

식) ______ 의 몫 답) ______ 권

02. 사과 **290**개를 **24**개씩 포장하고, 남는 것은 집에 가지고 가라고 합니다. 몇 개를 가지고 갈 수 있을까요?

풀이) 전체 사과수 = [ ] 개

포장할 사과 수 = [ ] 개

남는 수 = 전체 사과수 [ ] 포장할 사과수의 나머지

이므로 식은 [ ] 의 나머지이고,

[ ] 개를 가져 갈 수 있습니다.

식) ______ 의 나머지 답) ______ 개

03. 종이자전거를 만드는데 색종이 **17**장이 필요하다면 색종이 **321**장으로는 종이자전거 몇 개를 만들 수 있을까요?

(식 2점 답 1점)

풀이)

식) ______ 의 ______ 답) ______ 개

04. 내가 문제를 만들어 풀어 봅니다. (세자리수 ÷ 두자리수의 몫과 나머지)

(문제 2점 식 2점 답 1점)

풀이)

식) ______ 의 ______ 답) ______

이어서 나는 [ ] 을(를) 공부/연습할거야!!

월 일
분 초

소리내 읽기

문제) 내일 **479**명이 현장학습이 있어서 **35**인승 버스를 빌릴려고 합니다. 모두 앉아서 가려고 할 때 몇 대를 빌려야 할까요?

풀이) 현장학습 가는 사람수 = 479명 버스 인승 = 35인승
빌릴 버스 = 사람수 ÷ 버스 인승 의 몫보다 1 큰 수이므로
식은 479÷35이고 이때 몫은 13, 나머지는 24이므로
13대를 빌리면 24명이 갈 수 없으므로 14대를 빌려야 합니다.

식) 479÷35의 몫보다 1 큰 수 답) 14대

빌릴 버스의 수
학생수 479명 ÷ 버스1대정원 35인승
의 몫보다 1 큰 수

소리내 풀기

아래의 문제를 풀어보세요.

※ 나머지가 없으면 몫에서 1을 더할 필요가 없습니다.

01. 박스 1개에 책 **24**권을 넣을 수 있습니다. 책 **364**권을 모두 박스에 넣으려면 박스는 몇 개가 필요할까요?

풀이) 넣을 책 수 = ☐ 권
박스 1개에 넣을 수 있는 책 수 = ☐ 권
필요 상자 수 = 넣을 책수 ☐ 상자에 넣을 수 있는 책수
의 몫이고, 나머지가 있으면 몫보다 1개가 더 필요하므로
답은 ☐ 의 몫보다 ☐ 큰 수 입니다.

식) ________ 답) ______ 개

02. 1 모둠당 쓰레기를 **200**개 이상 주워야 합니다. 1모둠 인원 **12**명이 똑같이 주우려면 몇 개씩 주워야 할까요?

풀이) 주울 쓰레기 = ☐ 개 보다 많이...
모둠 인원 = ☐ 명
1명당 쓰레기 = 주울 쓰레기 ☐ 모둠인원의 몫보다
1큰 수 이므로 식은 ☐ 의 몫+1한 값이고,
답은 ☐ 개씩 주워야 200개를 넘길 수 있습니다.

식) ________ 답) ______ 개

03. **156**쪽 짜리 수학책이 있습니다. 하루에 딱 **25**쪽만 본다면 몇 일을 보아야 다 볼 수 있을까요? (나머지가 있으면 다음날 봅니다.)

(식 2점, 답 1점)

풀이)

식) ________ 답) ______ 일

04. 내가 문제를 만들어 풀어 봅니다. (세자리수 ÷ 두자리수의 몫과 나머지)

(문제 2점, 식 2점, 답 1점)

풀이)

식) ________ 답) ______

 이어서 나는 ☐ 을(를) 공부/연습할거야!!

확인 (틀린 문제의 수를 적고, 약한 부분을 보충하세요.)

회차	틀린문제수
41 회	문제
42 회	문제
43 회	문제
44 회	문제
45 회	문제

생각해보기

앞에서 배운 5회차 내용이 모두 이해 되었나요?

1. 모두 이해되고 자신있다. → 다음 회로 넘어 갑니다.

2. 2~3문제 틀릴 수는 있겠지만 거의 이해한다.
   → 개념부분을 한번 더 읽고 다음 회로 넘어 갑니다.

3. 잘 모르는 것 같다.
   → 개념부분과 틀린문제를 한번 더 보고 다음 회로 넘어 갑니다.

틀린 문제가 있었다면 왜 틀렸을거라고 생각합니까?

1. 개념 설명이 어려워서 잘 모르겠다. 2. 다 아는데 실수한 것 같다.

3. 빨리 끝내고 싶어서 집중할 수가 없다. 4. 하기 싫어서....

오답노트 (앞에서 틀린 문제나 기억하고 싶은 문제를 적습니다.)

회 번

문제	풀이

회 번

문제	풀이

회 번

문제	풀이

회 번

문제	풀이

회 번

문제	풀이

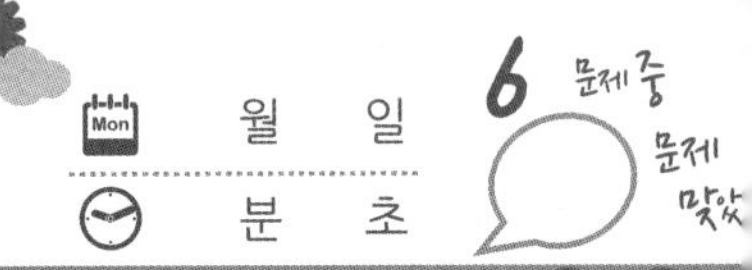

식을 계산하고, ▭ 와 ▭ 에 들어갈 알맞은 수를 적으세요.

01. $855 \div 45$
$= \square \times 241$
$= \square$

855 ÷ 45 의 값을 적으세요.

▭ × 241 의 값을 적으세요.

02. $357 \div 21$
$= \square \times 129$
$= \square$

03. $390 \div 15$
$= \square \times 630$
$= \square$

04. $960 \div 40$
$= \square \times 223$
$= \square$

05. $728 \div 26$
$= \square \times 317$
$= \square$

06. $814 \div 37$
$= \square \times 483$
$= \square$

이어서 나는 ▭ 을(를) 공부/연습할거야!!

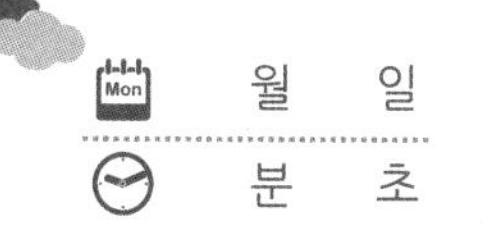

수 3개의 식을 계산하여 ▒ 에 값을 적으세요.

01. 405÷27×226= ▒

405 ÷ 27 의 값을 적으세요.

▒ × 226 의 값을 적으세요.

02. 336÷12×574= ▒

03. 688÷43×113= ▒

04. 646÷19×405= ▒

05. 952÷34×370= ▒

06. 627÷19×267= ▒

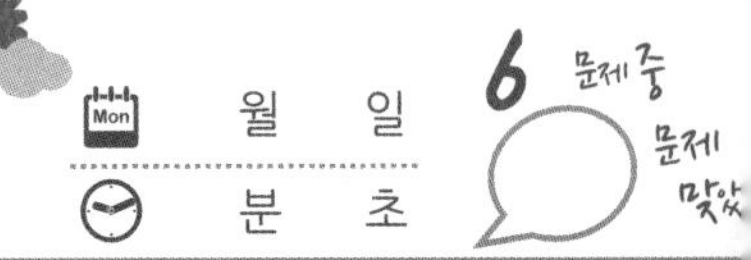

아래 문제를 풀어서 값을 빈칸에 적으세요.

01.

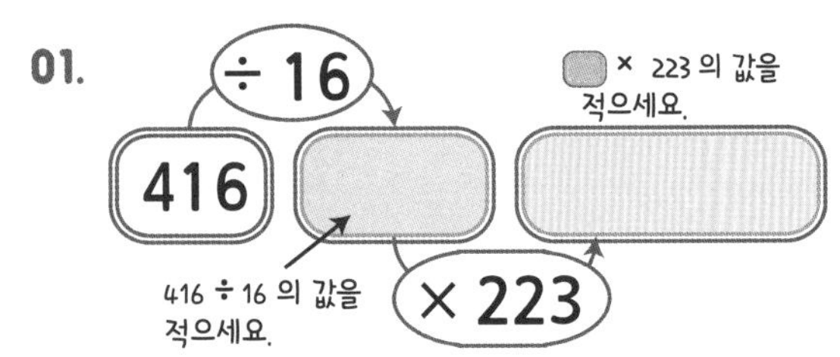

04.

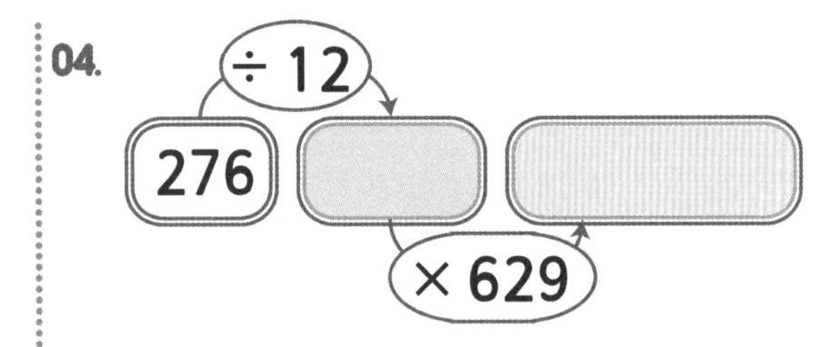

02.

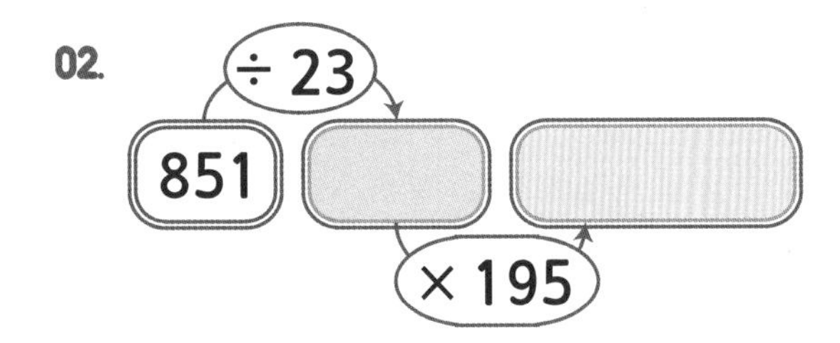

05.

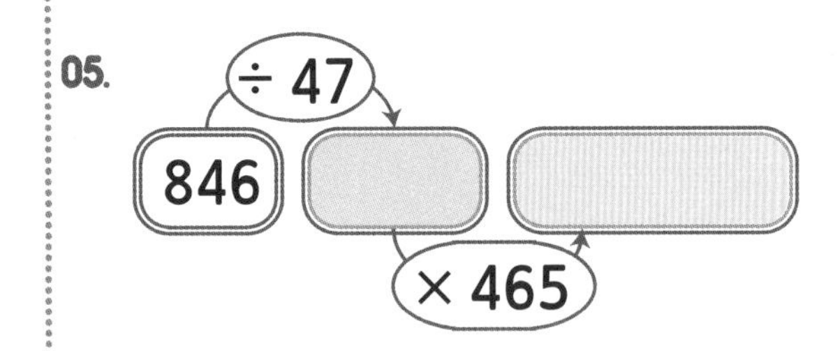

03.

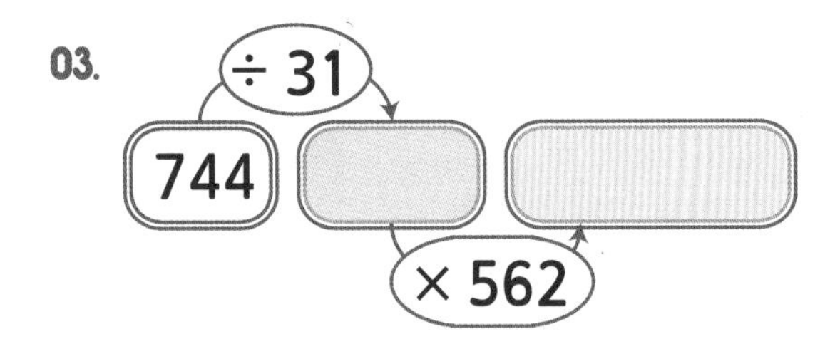

06.

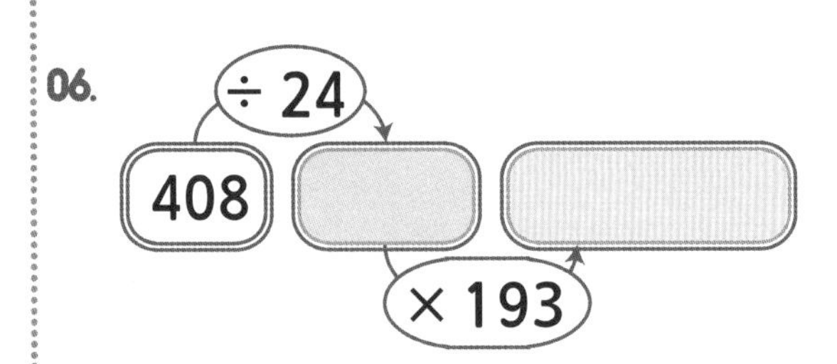

49 곱셈과 나눗셈의 계산 (연습4)

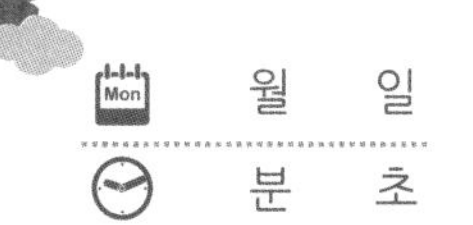

위의 숫자가 아래의 통에 들어가면 나오는 수를 계산해서 ▒에 적으세요.

01.

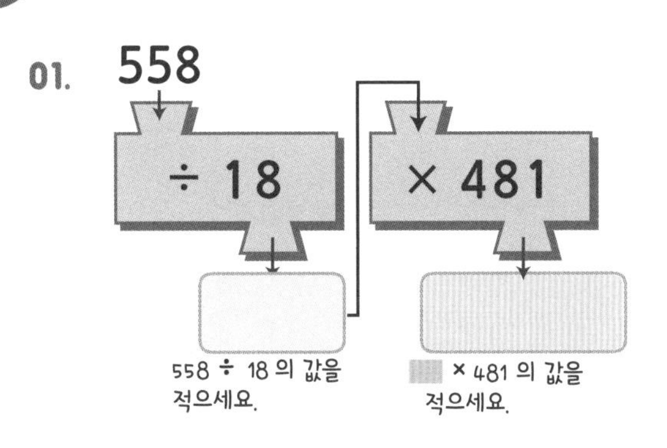

02.

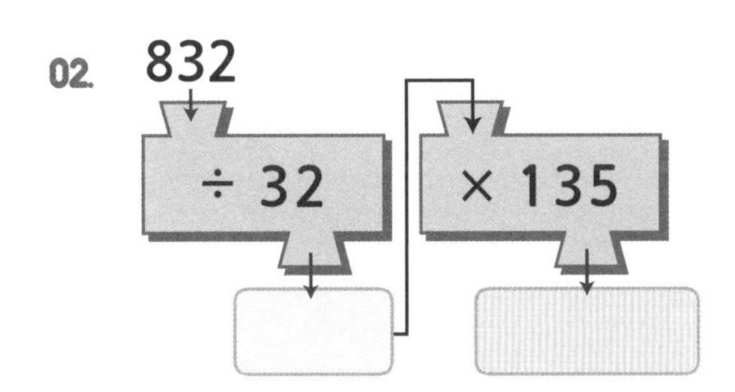

03.

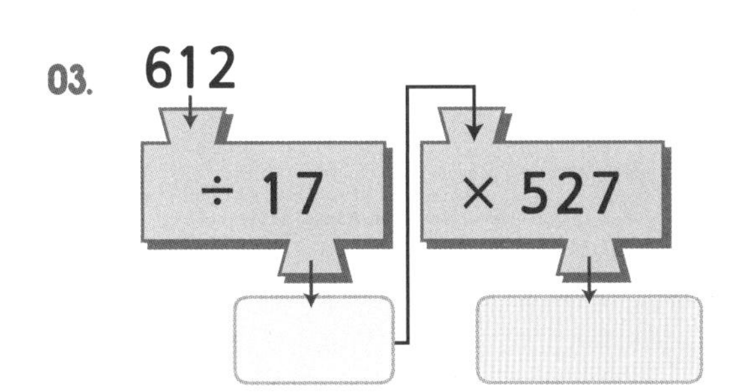

04.

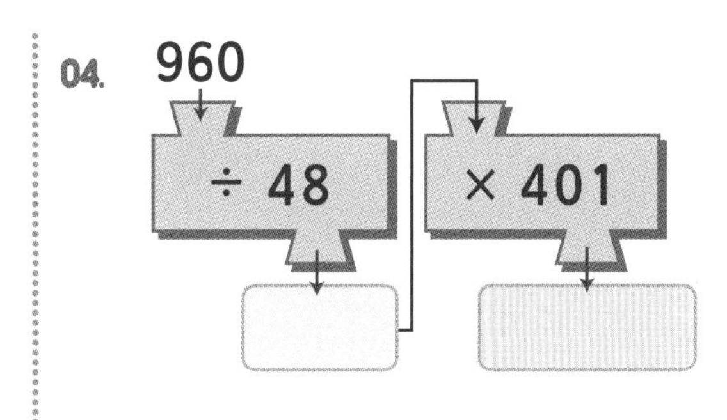

05.

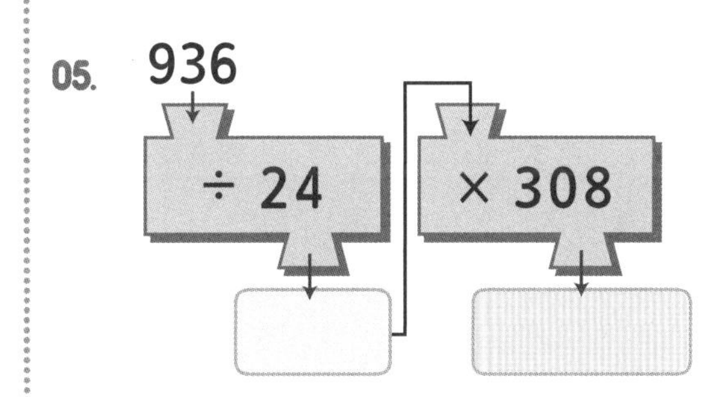

06.

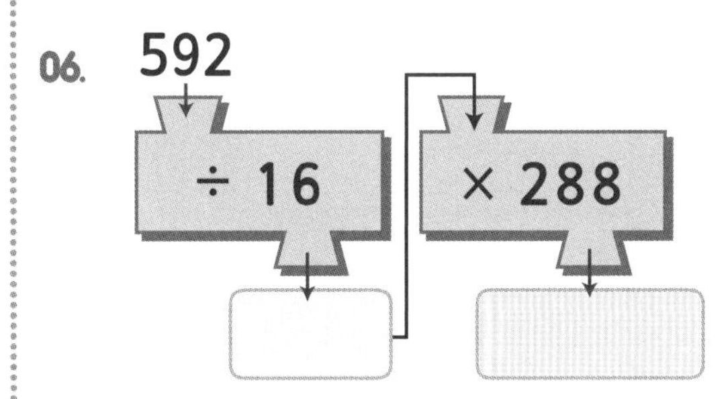

50 곱셈과 나눗셈의 계산 (연습5)

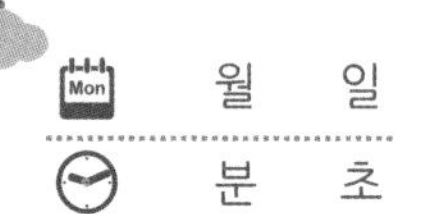

보기와 같이 옆의 두 수를 계산해서 옆에 적고, 밑의 두 수를 계산해서 밑에 적으세요.

01.

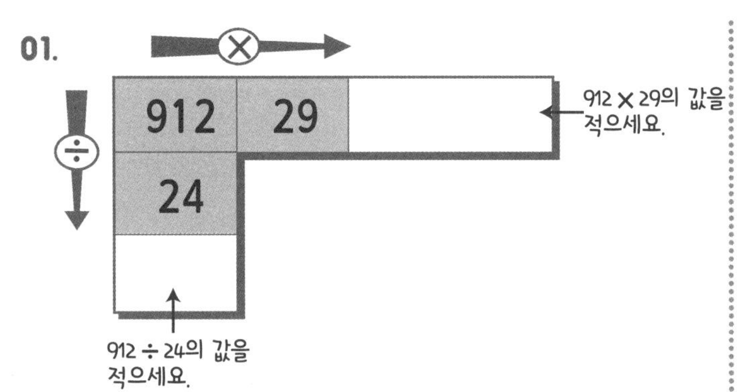

04.

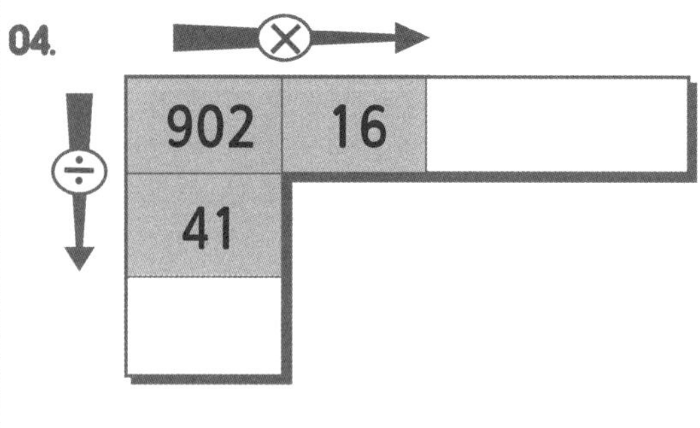

02.

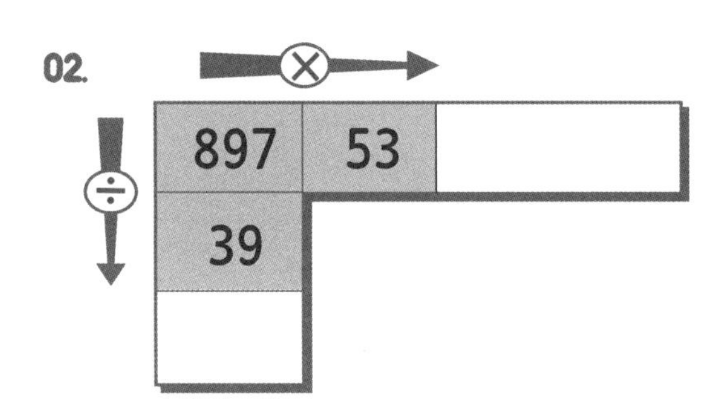

05.

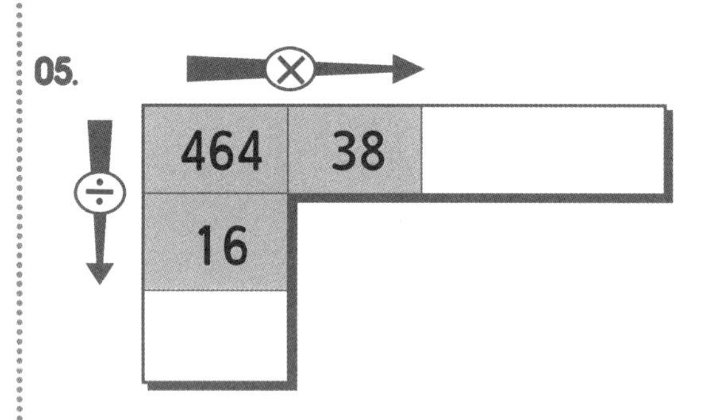

03.

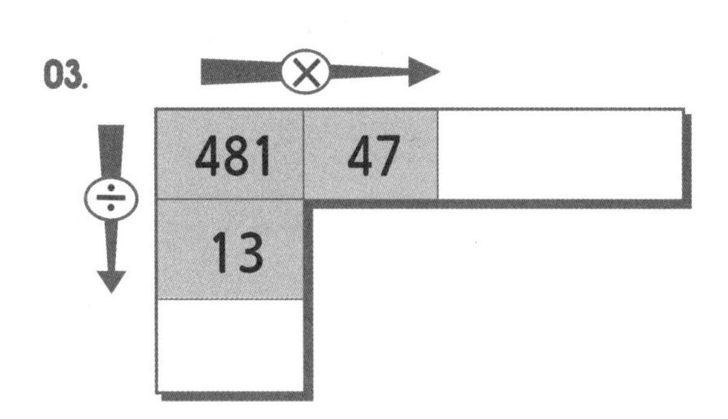

06.

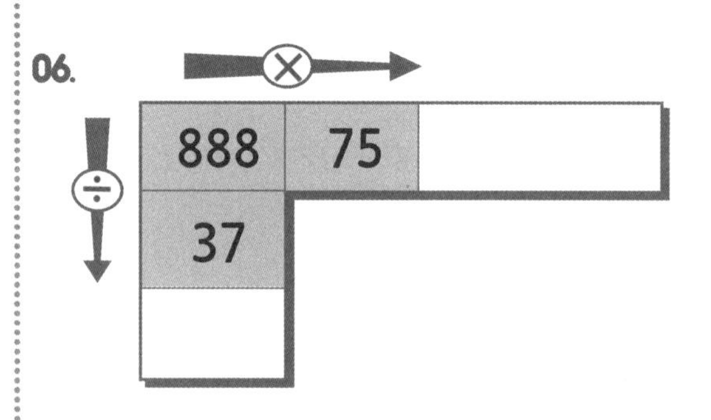

이어서 나는 ( ) 을(를) 공부/연습할거야!!

확인 (틀린 문제의 수를 적고, 약한 부분을 보충하세요.)

회차	틀린문제수
46 회	문제
47 회	문제
48 회	문제
49 회	문제
50 회	문제

생각해보기

앞에서 배운 5회차 내용이 모두 이해 되었나요?

1. 모두 이해되고 자신있다. → 다음 회로 넘어 갑니다.

2. 2~3문제 틀릴 수는 있겠지만 거의 이해한다.
→ 개념부분을 한번 더 읽고 다음 회로 넘어 갑니다.

3. 잘 모르는 것 같다.
→ 개념부분과 틀린문제를 한번 더 보고 다음 회로 넘어 갑니다.

틀린 문제가 있었다면 왜 틀렸을거라고 생각합니까?

1. 개념 설명이 어려워서 잘 모르겠다. 2. 다 아는데 실수한 것 같다.

3. 빨리 끝내고 싶어서 집중할 수가 없다. 4. 하기 싫어서....

오답노트 (앞에서 틀린 문제나 기억하고 싶은 문제를 적습니다.)

회 번

문제	풀이

회 번

문제	풀이

회 번

문제	풀이

회 번

문제	풀이

회 번

문제	풀이

월 일
분 초

각 : 한 점에서 시작하는 두 직선으로 이루어진 도형

각도 : 각의 크기를 각도라고 하고,
벌어진 정도가 클수록 큰 각입니다.

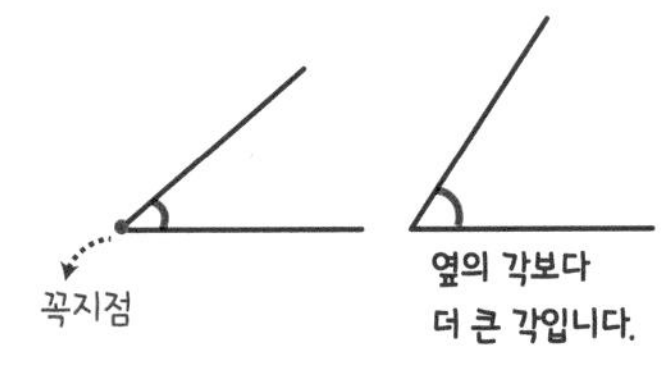

더 많이 벌려 있는 각이 큰 각이고,
뾰쪽할수록 작은 각입니다.

1도 : 직각을 90으로 나눈 하나를 1°라고 씁니다.
그러므로 직각은 90도 입니다.

예각과 둔각

직각(90도) 보다 작은 각을 예각라고 하고,
직각(90도) 보다 큰 각을 둔각라고 하고,

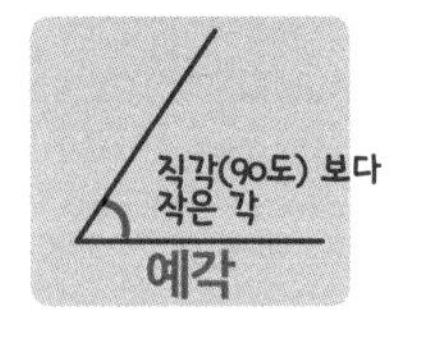

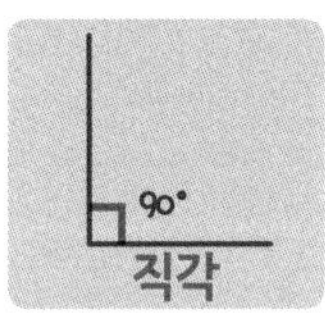

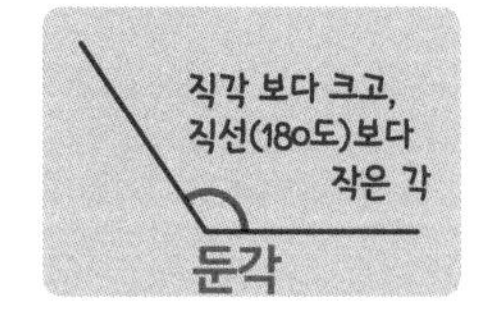

아래는 각도의 특징을 이야기 한 것입니다. 빈 칸에 알맞은 글을 적으세요. (다 푼후 2번 읽어 봅니다)

01. 각의 크기를 [ ] 라 하고,

직각을 똑같이 90으로 나눈 하나를 [ ] 라고 합니다.

02. 각의 크기는 변이 길이와 관계없이 두변의 벌어진 정도가

클수록 [ ] 이 됩니다.
(큰각 / 작은각)

03. 직각은 [ ] 도이고,

직각보다 작은 각을 [ ] 이라 하고,

직각보다 큰 각을 [ ] 이라고 합니다.

04. 각도기로 각도를 재는 방법은

① 각도기의 중심을 각의 [ ] 에 맞춥니다.
(꼭지점 / 변)

② 각도기의 밑금을 각의 한 변에 맞춥니다.

③ 나머지 변의 닿는 눈금을 읽습니다.

아래 각의 각도를 적고, 예각인지 둔각인지 적으세요

05.

각도 : [ ] °

예각/둔각 : [ ]

각의 꼭지점에 각도기의 중심을 맞춰서 각을 잽니다.

06.

각도 : [ ] °

예각/둔각 : [ ]

07.

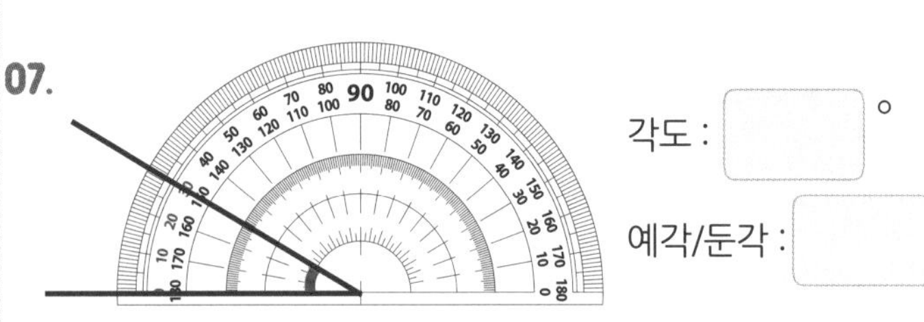

각도 : [ ] °

예각/둔각 : [ ]

각의 방향을 잘 보고 숫자를 읽습니다.

08.

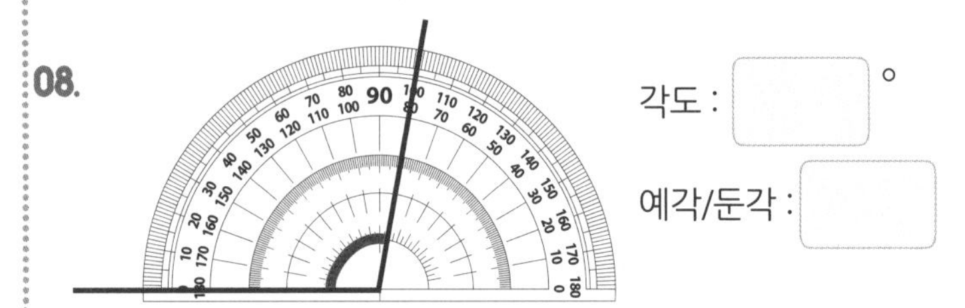

각도 : [ ] °

예각/둔각 : [ ]

※ 공부할때 시간은 그렇게 중요하지 않습니다. 얼마나 집중해서 공부했는지가 더 중요합니다.

이어서 나는 [ ] 을(를) 공부/연습할거야!!

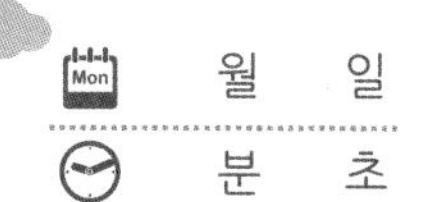

52 각도의 합과 차

월 일
분 초

각도의 합
➡ 자연수의 덧셈과 같은 방법으로 계산합니다.

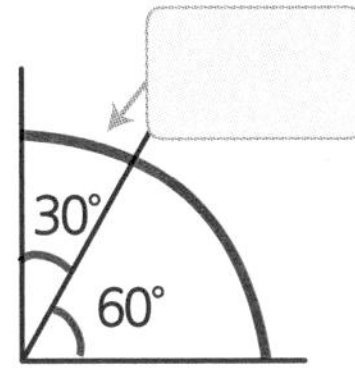

$30° + 50° = 80°$

각도의 차
➡ 자연수의 뺄셈과 같은 방법으로 계산합니다.

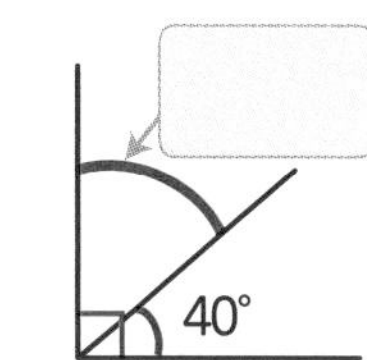

$80° - 50° = 30°$

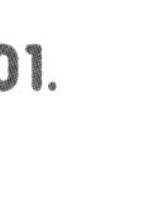

아래의 각도를 계산해 보세요.

01. $30° + 60° =$ ☐

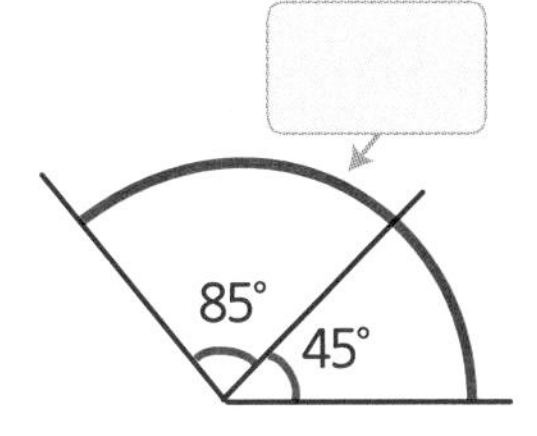

02. $85° + 45° =$ ☐

03. $23° + 17° =$ ☐

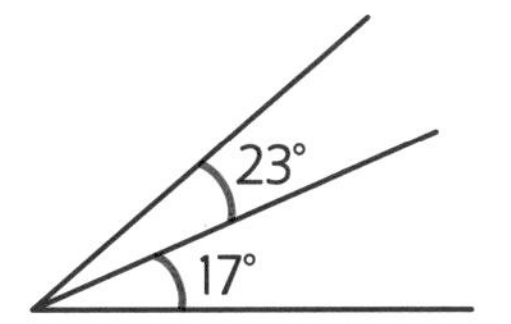

04. $85° + 56° =$ ☐

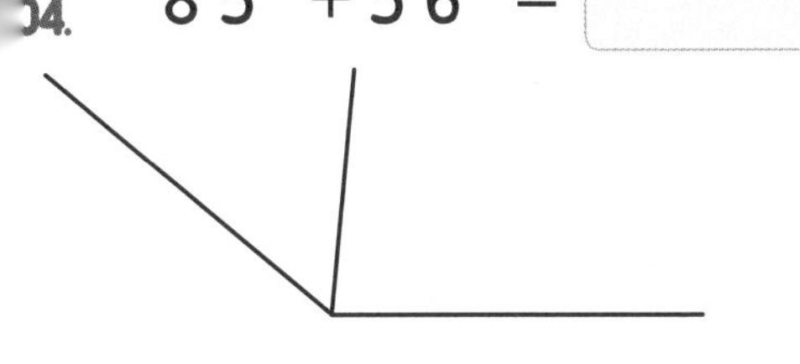

05. $90° - 40° =$ ☐

ㄱ은 직각 90도를 나타냅니다.

06. $115° - 55° =$ ☐

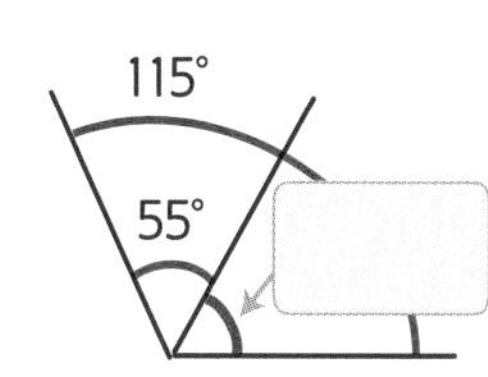

07. $86° - 39° =$ ☐

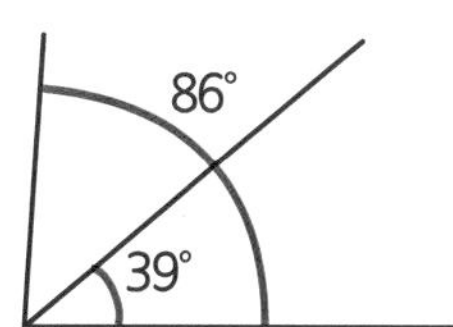

08. $121° - 92° =$ ☐

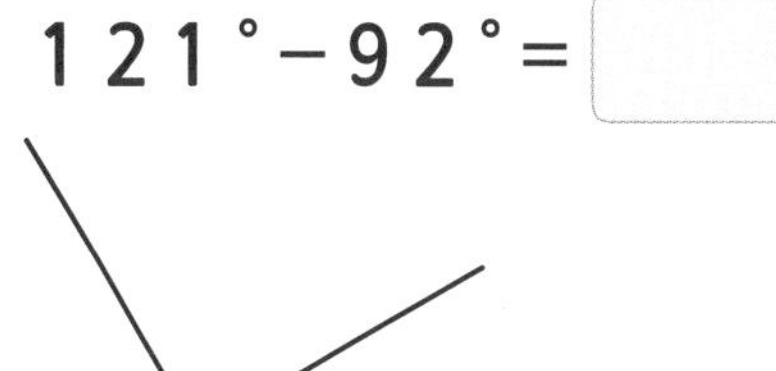

※ 각도의 계산은 자연수의 계산 방법과 같이 계산하고 뒤에 각도의 단위인 ° (도)를 꼭 붙여야 합니다.

이어서 나는 ☐ 을(를) 공부/연습할거야!!

53 삼각형 세 각의 합

삼각형의 세 각의 합은 항상 180°입니다.

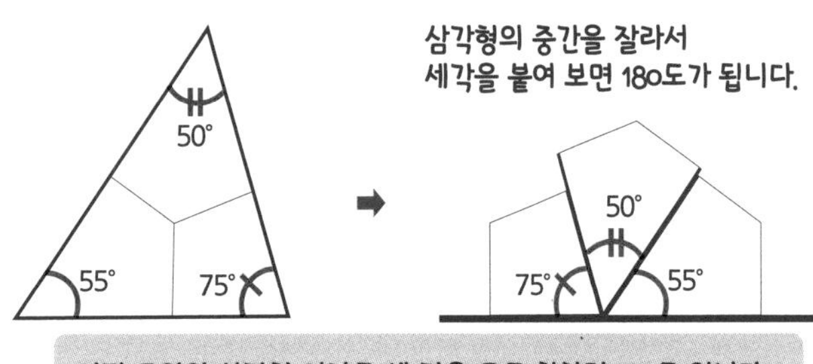

어떤 모양의 삼각형 이라도 세 각을 모두 합하면 180도 입니다.

삼각형의 두 각을 알면 나머지 1개의 각도 알 수 있습니다.

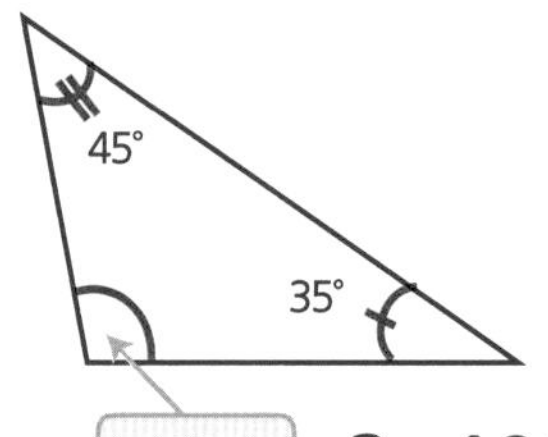

삼각형의 세 각의 합은 180도이므로,

모르는 각 = 180° − 아는 두 각

? = 180° − 45° − 35° = 100°

□를 이용하여 식을 만들어서 모르는 각도를 구하세요.

01.

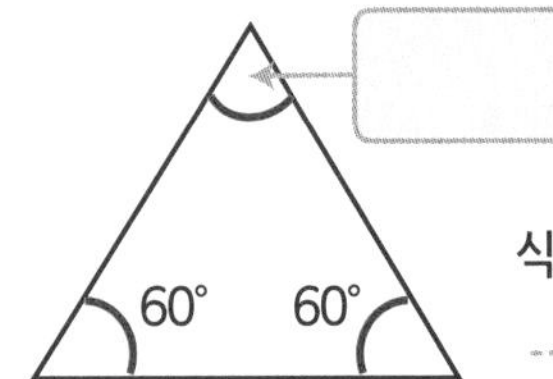

식) □+60°+60°=180°

□=180°−60°−60°

04.

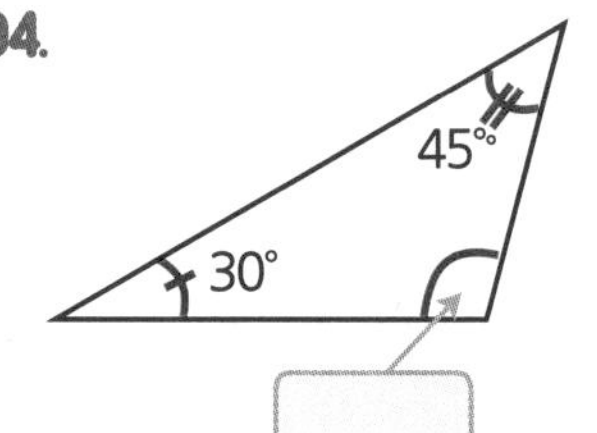

식)

02.

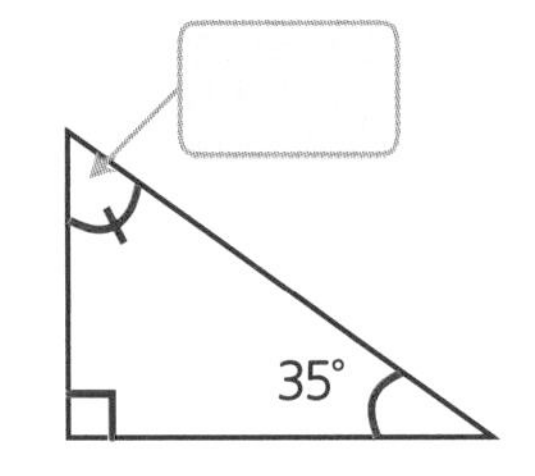

식)

05.

96°

47°

식)

03.

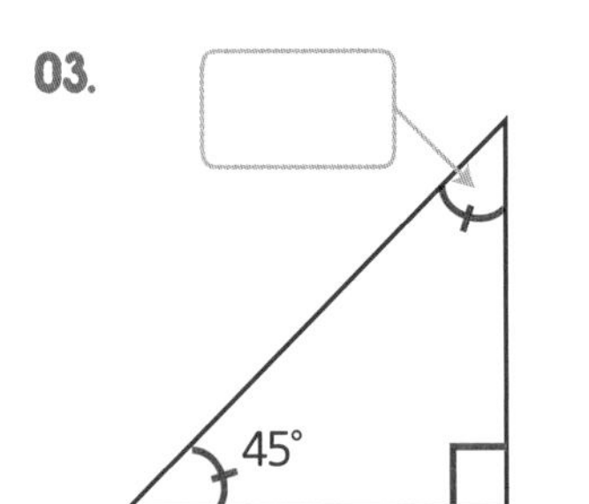

식)

06.

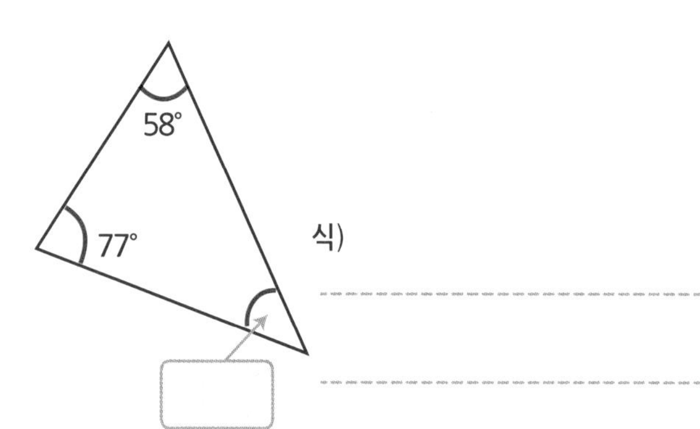

이어서 나는 ______ 을(를) 공부/연습할거야!!

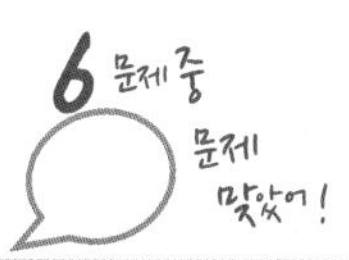

사각형의 네 각의 합은 항상 360°입니다.

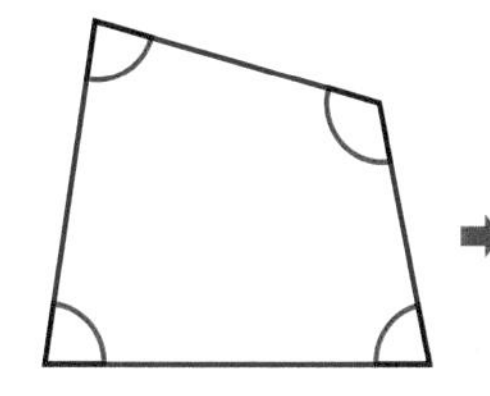

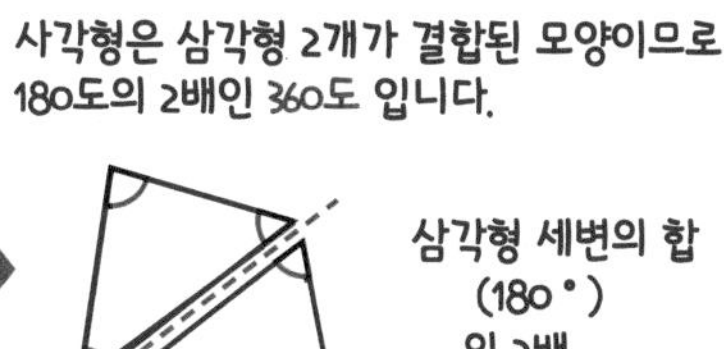

어떤 모양의 사각형 이라도 네 각을 모두 합하면 360도 입니다.

사각형의 세 각을 알면 나머지 1개의 각도 알 수 있습니다.

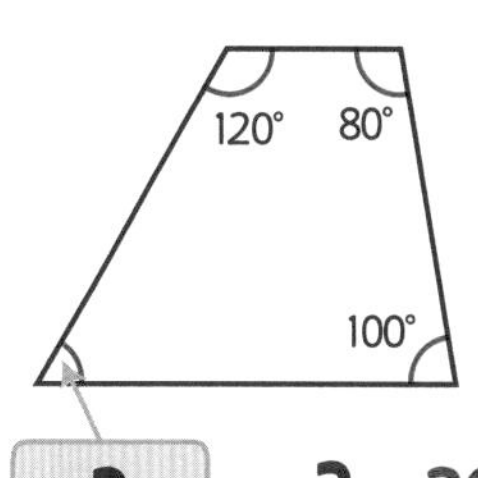

사각형의 네 각의 합은 360도이므로,

모르는 각 = 360° − 아는 세 각

? = 360° − 120° − 80° − 100° = 60°

□를 이용하여 식을 만들어서 모르는 각도를 구하세요.

01.

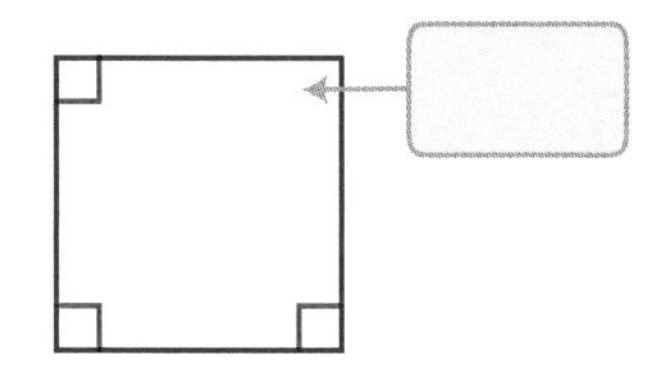

식) □+90°+90°+90°=360°

□=360°−90°−90°−90°=

02.

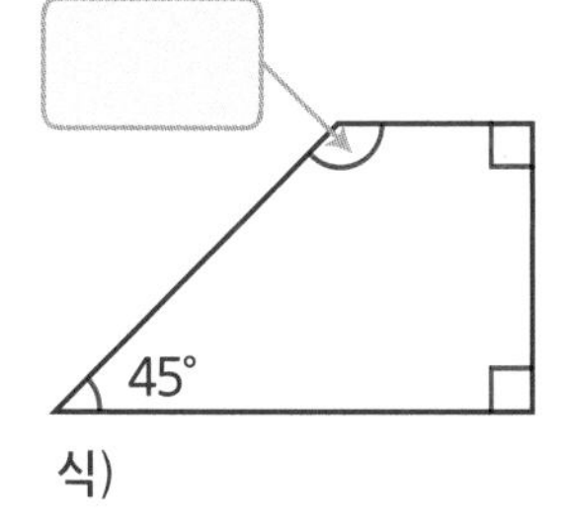

식)

03.

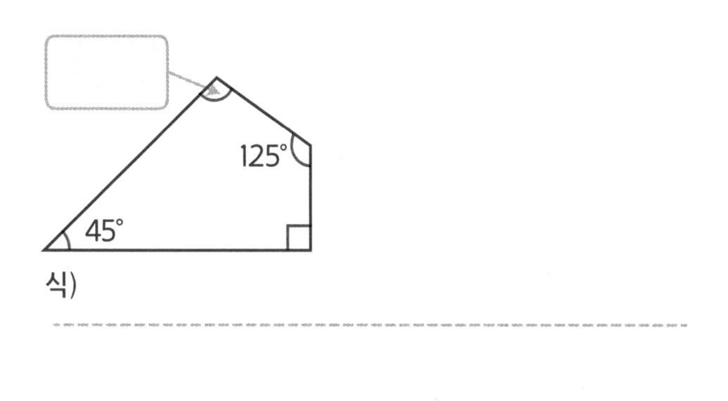

식)

04.

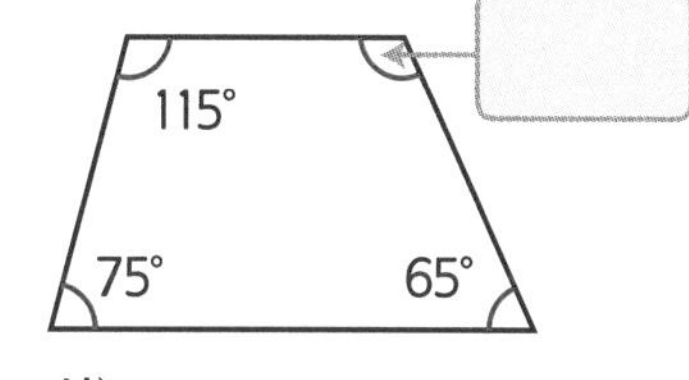

식)

05.

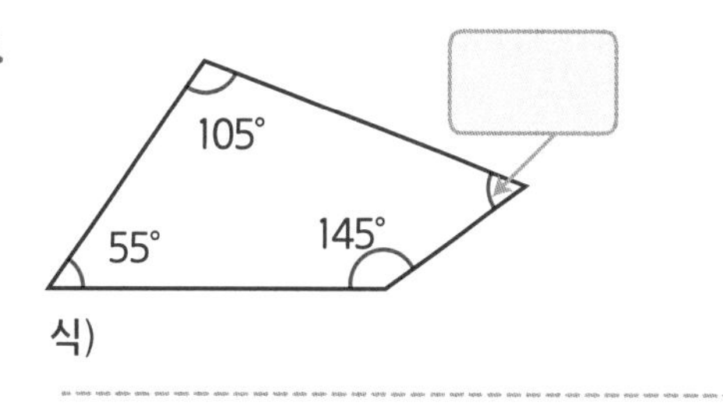

식)

06.

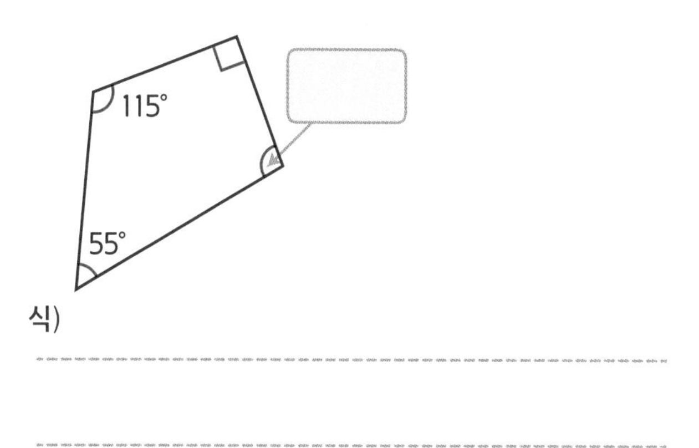

식)

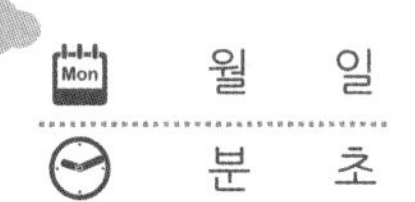

각의 크기에 따른 분류

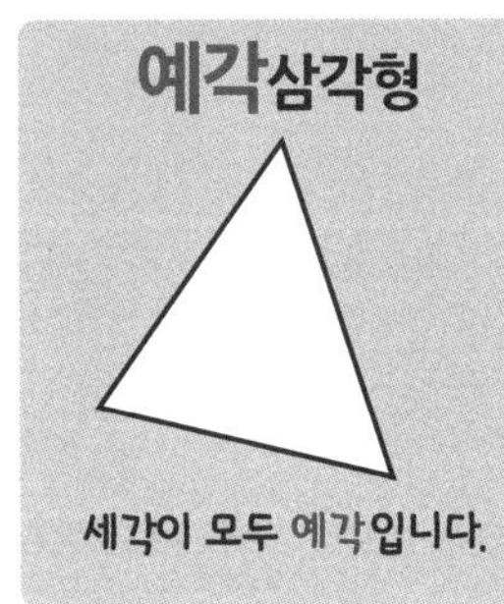

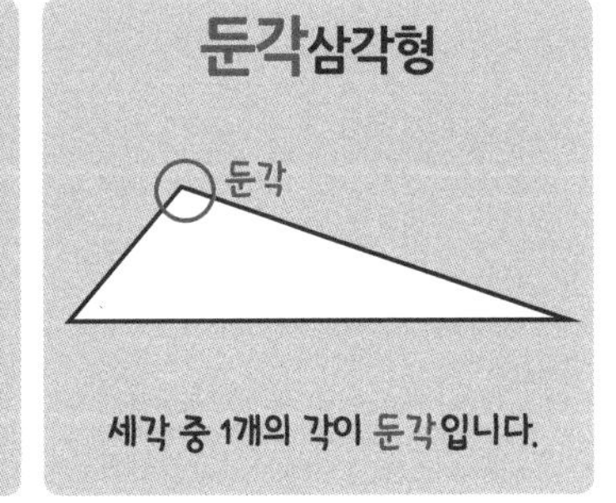

변의 길이에 따른 분류

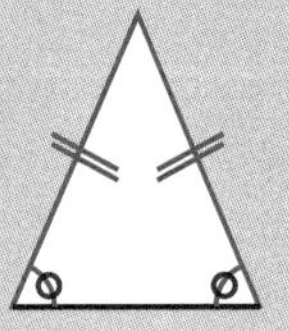

아래는 삼각형의 분류를 이야기 한 것입니다.
빈 칸에 알맞은 글을 적으세요. (다 푼후 2번 읽어 봅니다)

01. 삼각형을 각의 크기에 따라 분류하면

예각만 있으면 [ ] 삼각형이고,

둔각이 있으면 [ ] 삼각형이고,

직각이 있으면 [ ] 삼각형입니다.

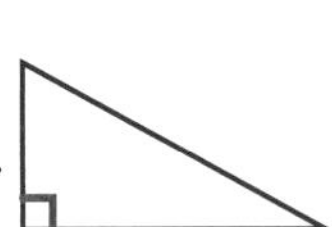

02. 삼각형을 변의 길이에 따라 분류하면

2개나 3개가 같으면  삼각형이고,

3개가 모두 같으면  삼각형입니다.

삼각형을 반으로 접어서 정확히 똑같이 접히는 삼각형을 이등변삼각형이라고 하는데, 정삼각형도 반으로 접으면 정확히 반으로 접히므로 이등변삼각형에 포함됩니다.

03. 삼각형에서 한 개의 각이 직각이나 둔각이면,

나머지 두 변은 무조건  입니다.

(예각 / 둔각)

※ 위의 둔각삼각형을 보고 생각해 보세요.

아래 삼각형을 기준에 따라 분류해 보세요.

04.

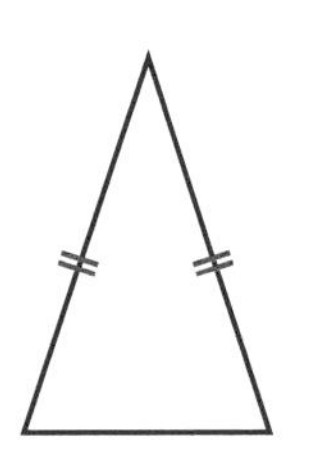

각에 따른 분류 ______

변에 따른 분류 ______

05.

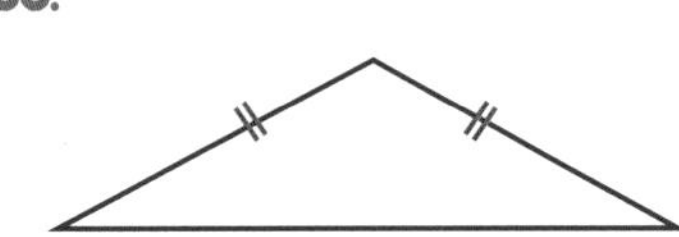

각에 따른 분류 ______

변에 따른 분류 ______

06.

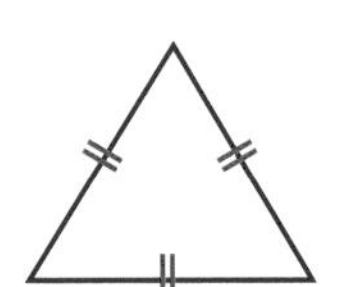

각에 따른 분류 ______

변에 따른 분류 ______

※ 정삼각형도 이등변삼각형에 포함됩니다.

07.

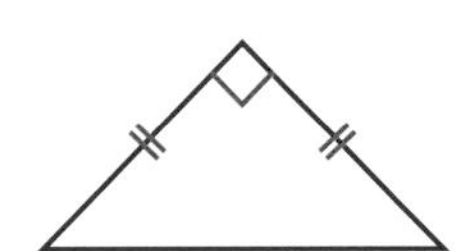

각에 따른 분류 ______

변에 따른 분류 ______

※ 정삼각형은 모두 이등변삼각형에 포함되지만,
이등변삼각형이 모두 정삼각형은 아닙니다.

확인 (틀린 문제의 수를 적고, 약한 부분을 보충하세요.)

회차	틀린문제수
51 회	문제
52 회	문제
53 회	문제
54 회	문제
55 회	문제

생각해보기

앞에서 배운 5회차 내용이 모두 이해 되었나요?

1. 모두 이해되고 자신있다. → 다음 회로 넘어 갑니다.

2. 2~3문제 틀릴 수는 있겠지만 거의 이해한다.
→ 개념부분을 한번 더 읽고 다음 회로 넘어 갑니다.

3. 잘 모르는 것 같다.
→ 개념부분과 틀린문제를 한번 더 보고 다음 회로 넘어 갑니다.

틀린 문제가 있었다면 왜 틀렸을거라고 생각합니까?

1. 개념 설명이 어려워서 잘 모르겠다. 2. 다 아는데 실수한 것 같다.

3. 빨리 끝내고 싶어서 집중할 수가 없다. 4. 하기 싫어서....

오답노트 (앞에서 틀린 문제나 기억하고 싶은 문제를 적습니다.)

회 번	
문제	풀이

회 번	
문제	풀이

회 번	
문제	풀이

회 번	
문제	풀이

회 번	
문제	풀이

56 자연수와 분수

월 일 / 분 초

자연수를 **분수**로 만들 수 있습니다.

 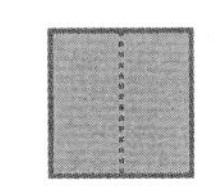 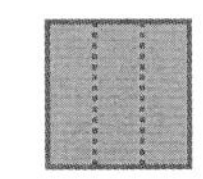 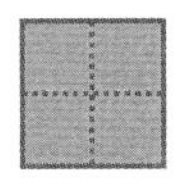

$$1 = \frac{2}{2} = \frac{3}{3} = \frac{4}{4}$$

$$\overset{\text{자연수}}{★} = \frac{2\times★}{2} = \frac{3\times★}{3} = \frac{4\times★}{4}$$

(분자를) 분모로 나누어 떨어지는 **분수**는 **자연수**로 만들 수 있습니다.

$$\frac{3}{3} = 3 \div 3 = 1$$

$$\frac{8}{4} = 8 \div 4 = 2$$

$$\frac{\text{분자}}{\text{분모}} = \text{분자} \div \text{분모} \qquad \frac{◇}{■} = ◇ \div ■$$

아래의 그림을 이용하여, 자연수를 분수로 만들어 보세요.

01. 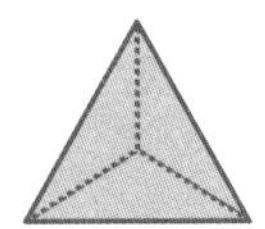 자연수: 1 가분수: $\frac{\square}{3}$

02. 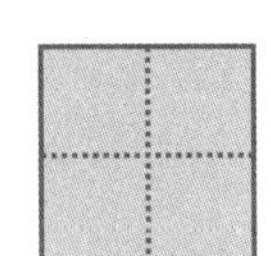 자연수: 1 가분수: $\frac{\square}{4}$

03. 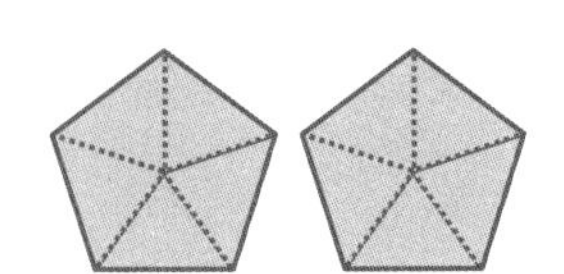 자연수: 2 가분수: $\frac{\square}{5}$

04. 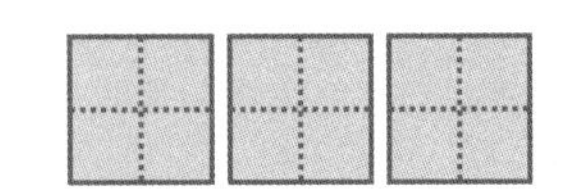 자연수: 3 가분수: $\frac{\square}{4}$

05. 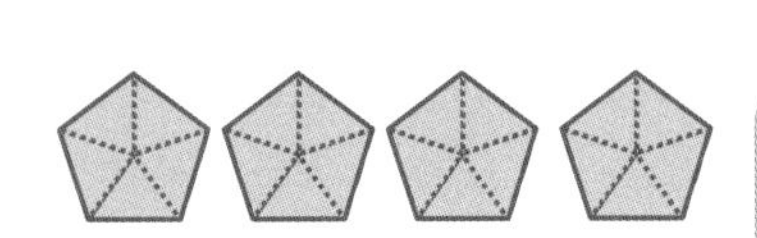 자연수: 4 가분수: $\frac{\square}{5}$

대분수는 가분수로, 가분수는 대분수로 만드세요.

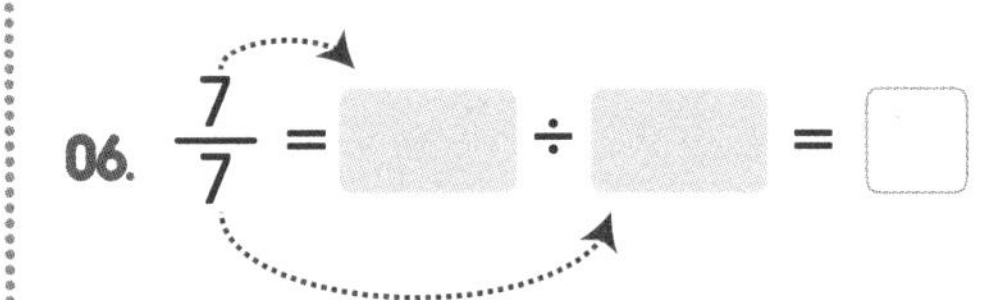

06. $\frac{7}{7} = \square \div \square = \square$

07. $\frac{14}{7} = \square \div \square = \square$

08. $\frac{12}{6} = \square \div \square = \square$

09. $\frac{24}{8} = \square \div \square = \square$

10. $\frac{72}{9} = \square \div \square = \square$

※ 자연수와 가분수로 이루어 진 분수는 잘못된 분수입니다. 꼭 분자가 더 작은 진분수와 만나야 대분수가 됩니다.

57 대분수와 가분수

자연수와 **진분수**로 이루어진 분수

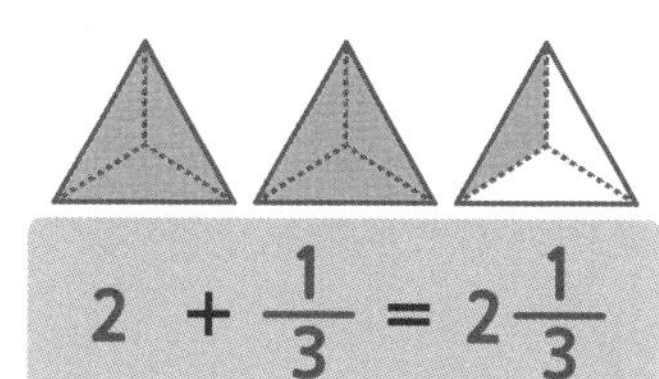

$2 + \frac{1}{3} = 2\frac{1}{3}$

대분수 : $2\frac{1}{3}$

가분수 : $\frac{7}{3}$

$2 + \frac{1}{3}$을 $2\frac{1}{3}$이라 쓰고, 2와 3분의 1이라고 읽습니다.

대분수를 **가분수**로 나타내기

$1\frac{3}{4} = 1 + \frac{3}{4} = \frac{4}{4} + \frac{3}{4} = \frac{7}{4}$

가분수를 **대분수**로 나타내기

$\frac{9}{4} = \frac{8}{4} + \frac{1}{4} = 2 + \frac{1}{4} = 2\frac{1}{4}$

아래의 그림에서 색칠한 부분을 대분수와 가분수로 적으세요.

01. 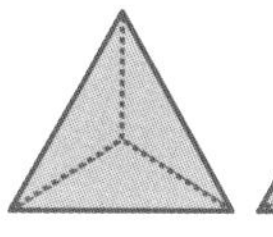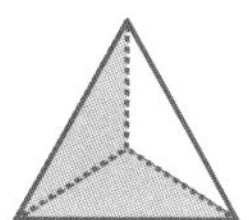

가분수 $\frac{\square}{3}$ 대분수 $\square\frac{\square}{3}$

02. 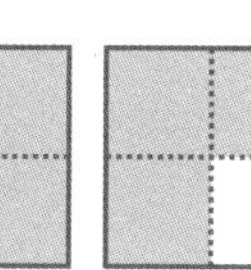

가분수 $\frac{\square}{4}$ 대분수 $\square\frac{\square}{4}$

03. 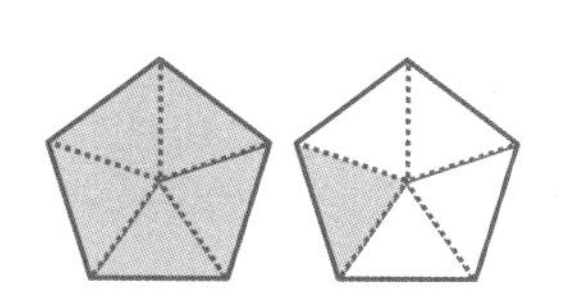

가분수 $\frac{\square}{5}$ 대분수 $\square\frac{\square}{5}$

04.

가분수 $\frac{\square}{4}$ 대분수 $\square\frac{\square}{4}$

05. 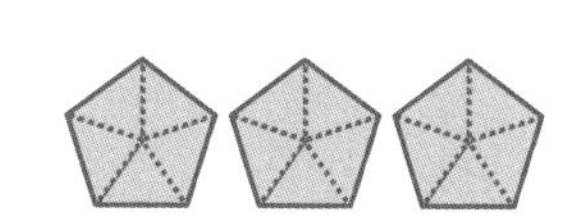

가분수 $\frac{\square}{5}$ 자연수 $\square$

소리내 풀기

대분수는 가분수로, 가분수는 대분수로 만드세요.

06. $1\frac{2}{3} = \square + \frac{2}{3} = \frac{\square}{3} + \frac{2}{3} = \frac{\square}{3}$

07. $2\frac{1}{2} = \square + \frac{1}{2} = \frac{\square}{2} + \frac{1}{2} = \frac{\square}{\square}$

08. $\frac{3}{2} = \frac{\square}{2} + \frac{\square}{2} = \square + \frac{\square}{2} = \square\frac{\square}{2}$

09. $\frac{8}{3} = \frac{\square}{\square} + \frac{\square}{\square} = \square + \frac{\square}{\square} = \square\frac{\square}{\square}$

10. $\frac{12}{5} = \frac{\square}{\square} + \frac{\square}{\square} = \square + \frac{\square}{\square} = \square\frac{\square}{\square}$

※ 자연수와 가분수로 이루어 진 분수는 잘못된 분수입니다. 꼭 분자가 더 작은 진분수와 만나야 대분수가 됩니다.

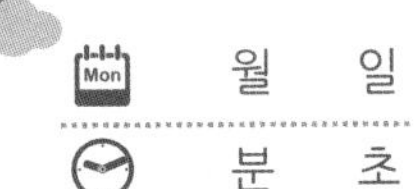

58 분모가 같은 진분수의 덧셈

월 일
분 초

분모는 그대로 두고, 분자만 더합니다.

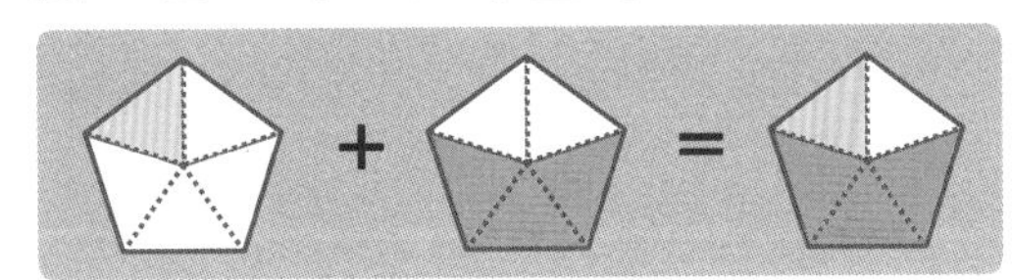

$$\frac{1}{5} + \frac{3}{5} = \frac{1+3}{5} = \frac{4}{5}$$

$\frac{1}{5}$ 조각 1개와 $\frac{1}{5}$ 조각 3개를 합하면 $\frac{1}{5}$ 조각 4개가 됩니다.

진분수의 합이 가분사가 되면 꼭 대분수로 바꿔 줍니다.

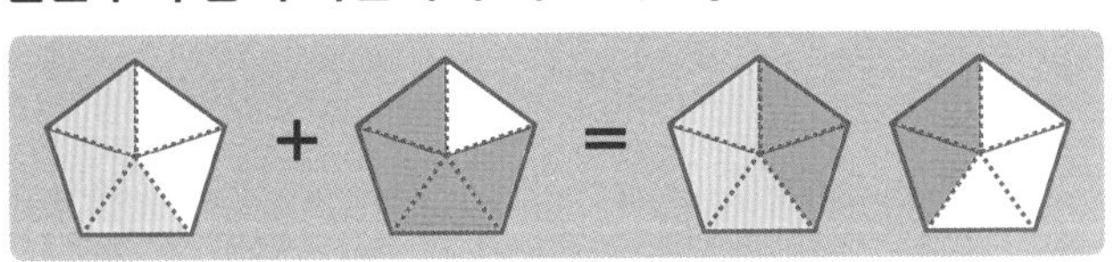

$$\frac{3}{5} + \frac{4}{5} = \frac{3+4}{5} = \frac{7}{5} = 1\frac{2}{5}$$

문제의 값이 가분수로 나오면
반드시 꼭 대분수로 바꿔줘야 합니다.

아래의 그림을 완성하고, 분수의 덧셈을 계산해 보세요. (값이 가분수이면 반드시 대분수로 바꿔야 합니다.)

01. $\frac{1}{4} + \frac{2}{4} = \frac{\square + \square}{\square} = \frac{\square}{\square}$

02. $\frac{1}{3} + \frac{1}{3} = \frac{\square + \square}{\square} = \frac{\square}{\square}$

03. $\frac{2}{6} + \frac{3}{6} = \frac{\square + \square}{\square} = \frac{\square}{\square}$

04. $\frac{3}{8} + \frac{4}{8} = \frac{\square + \square}{\square} = \frac{\square}{\square}$

05. $\frac{3}{4} + \frac{2}{4} = \frac{\square + \square}{\square} = \frac{\square}{\square} = \square\frac{\square}{\square}$

06. $\frac{2}{3} + \frac{2}{3} = \frac{\square + \square}{\square} = \frac{\square}{\square} = \square\frac{\square}{\square}$

07. $\frac{4}{6} + \frac{5}{6} = \frac{\square + \square}{\square} = \frac{\square}{\square} = \square\frac{\square}{\square}$

08. $\frac{5}{8} + \frac{4}{8} = \frac{\square + \square}{\square} = \frac{\square}{\square} = \square\frac{\square}{\square}$

※ 더할때는 앞의 그림에 더하는 분수만큼 색을 칠해보고, 값을 생각해 봅니다. 색을 칠할때는 앞의 칸 부터 차례로 빈틈없이 칠해줍니다.

 이어서 나는 ______ 을(를) 공부/연습할거야!!

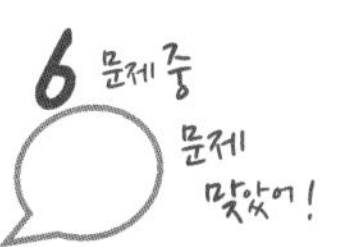

자연수는 자연수끼리, **분자**는 분자끼리 **더**합니다.

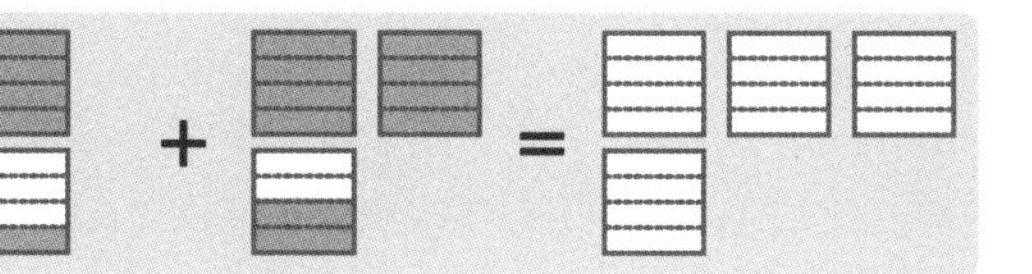

$2\frac{1}{3}+1\frac{1}{3}=(2+1)+\frac{1+1}{3}=3\frac{2}{3}$

① 자연수끼리 ② 분자끼리 ③ 분모는 그대로

분수부분이 가분사가 되면 꼭 **진분수**로 **바꿔** 줍니다.

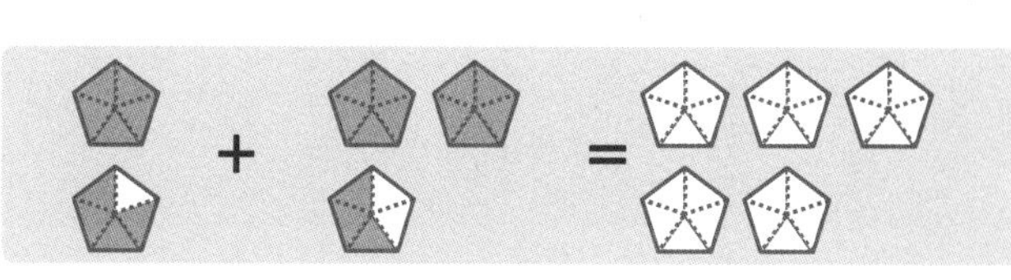

$2\frac{2}{3}+1\frac{2}{3}=(2+1)+\frac{2+2}{3}=3\frac{4}{3}=4\frac{1}{3}$

분수 부분의 값이 가분수로 나오면 반드시 꼭 진분수로 바꿔줘야 합니다.

아래의 그림을 완성하고, 분수의 덧셈을 계산해 보세요. (분수 부분이 가분수이면 반드시 진분수로 바꿔야 합니다.)

01

$1\frac{1}{4}+2\frac{2}{4}=(\quad+\quad)+\frac{\square+\square}{\square}=\square\frac{\square}{\square}$

02

$2\frac{3}{5}+2\frac{1}{5}=(\quad+\quad)+\frac{\square+\square}{\square}=\square\frac{\square}{\square}$

03

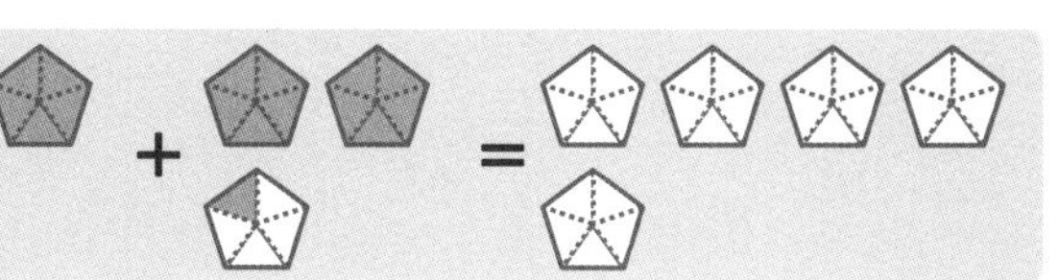

$3\frac{1}{6}+1\frac{2}{6}=(\quad+\quad)+\frac{\square+\square}{\square}=\square\frac{\square}{\square}$

04.

$1\frac{4}{5}+2\frac{3}{5}=(\quad+\quad)+\frac{\square+\square}{\square}$

$=\square\frac{\square}{\square}=\square\frac{\square}{\square}$

05.

$1\frac{3}{6}+3\frac{5}{6}=\quad+\quad+\frac{\square+\square}{\square}$

$=\square\frac{\square}{\square}=\square\frac{\square}{\square}$

06. $3\frac{7}{9}+4\frac{8}{9}=\quad+\quad+\frac{\square+\square}{\square}$

$=\square\frac{\square}{\square}=\square\frac{\square}{\square}$

※ 분수부분의 값은 반드시 진분수로 바꿔줘야 합니다. 바꾸지 않으면 (계산이 끝난것이 아니므로) 틀린 답이 됩니다.

이어서 나는 ______ 을(를) 공부/연습할거야!!

60 분모가 같은 대분수의 덧셈 (연습1)

월 일
분 초

10 문제 중 문제 맞았

소리내 풀기 아래의 그림을 완성하고, 분수의 덧셈을 계산해 보세요. (분수 부분이 가분수이면 반드시 진분수로 바꿔야 합니다.)

01. $3\frac{1}{5}+1\frac{2}{5}=(\square+\square)+\frac{\square+\square}{\square}=\square\frac{\square}{\square}$

02. $1\frac{3}{7}+\frac{2}{7}=$

03. $5\frac{4}{9}+3\frac{2}{9}=$

04. $4\frac{2}{6}+2\frac{2}{6}=$

05. $3\frac{5}{8}+2\frac{2}{8}=$

06. $2\frac{3}{5}+4\frac{3}{5}=(\square+\square)+\frac{\square+\square}{\square}$

$=\square\frac{\square}{\square}=\square\frac{\square}{\square}$

07. $3\frac{5}{6}+\frac{4}{6}=$

08. $6\frac{5}{9}+1\frac{8}{9}=$

09. $4\frac{2}{7}+2\frac{6}{7}=$

10. $5\frac{2}{4}+1\frac{2}{4}=$

※ 분수부분의 값은 꼭 반드시 진분수로 바꿔줘야 합니다. 바꾸지 않으면 (계산이 끝난것이 아니므로) 틀린 답이 됩니다.

이어서 나는 ______ 을(를) 공부/연습할거야!!

확인 (틀린 문제의 수를 적고, 약한 부분을 보충하세요.)

회차	틀린문제수
56 회	문제
57 회	문제
58 회	문제
59 회	문제
60 회	문제

생각해보기

앞에서 배운 5회차 내용이 모두 이해 되었나요?

1. 모두 이해되고 자신있다. → 다음 회로 넘어 갑니다.

2. 2~3문제 틀릴 수는 있겠지만 거의 이해한다.
   → 개념부분을 한번 더 읽고 다음 회로 넘어 갑니다.

3. 잘 모르는 것 같다.
   → 개념부분과 틀린문제를 한번 더 보고 다음 회로 넘어 갑니다.

틀린 문제가 있었다면 왜 틀렸을거라고 생각합니까?

1. 개념 설명이 어려워서 잘 모르겠다. 2. 다 아는데 실수한 것 같다.

3. 빨리 끝내고 싶어서 집중할 수가 없다. 4. 하기 싫어서....

오답노트 (앞에서 틀린 문제나 기억하고 싶은 문제를 적습니다.)

회 번	
문제	풀이

회 번	
문제	풀이

회 번	
문제	풀이

회 번	
문제	풀이

회 번	
문제	풀이

61 분모가 같은 대분수의 덧셈 (2)

월 일
분 초

앞에서 배운 데로

① **자연수**는 자연수끼리, **분자**는 분자끼리 **더**합니다.

$$2\frac{2}{3}+1\frac{2}{3}=(2+1)+\frac{2+2}{3}=3\frac{4}{3}=4\frac{1}{3}$$

① 자연수끼리 ② 분모는 그대로 ③ 분자끼리

② 가분수로 **바꾸어 더**합니다.

$$2\frac{2}{3}+1\frac{2}{3}=\frac{8}{3}+\frac{5}{3}$$

(2×3+2) (1×3+2)

$$=\frac{8+5}{3}=\frac{13}{3}=4\frac{1}{3}$$

13÷3=4⋯1

마지막에 가분수를 대분수로 바꿔줍니다.

소리내 풀기 자연수끼리, 분자끼리 더하는 방법으로 풀어보세요.

01. $1\frac{5}{6}+2\frac{3}{6}=(\square+\square)+\frac{\square+\square}{\square}=\square\frac{\square}{\square}$

$=\square\frac{\square}{\square}$

02. $3\frac{2}{5}+1\frac{4}{5}=$

03. $2\frac{6}{7}+5\frac{4}{7}=$

04. $1\frac{3}{4}+3\frac{3}{4}=$

소리내 풀기 가분수로 바꾸어 더하는 방법으로 풀어보세요.

05. $1\frac{5}{6}+2\frac{3}{6}=\frac{\square}{\square}+\frac{\square}{\square}$

$=\frac{\square+\square}{6}=\square=\square$

06. $3\frac{2}{5}+1\frac{4}{5}=$

07. $2\frac{6}{7}+5\frac{4}{7}=$

08. $1\frac{3}{4}+3\frac{3}{4}=$

※ 1~4번 문제와 5~8번 문제는 같은 문제입니다. 꼭 푸는 방법을 다르게 하여 풀어보고, 나는 어떻게 푸는 방법이 쉬운지 생각해 봅니다.

※ 분수부분의 값은 반드시 진분수로 바꿔줘야 합니다. 바꾸지 않으면 (계산이 끝난것이 아니므로) 틀린 답이 됩니다.

이어서 나는 ______ 을(를) 공부/연습할거야!!

소리내 풀기 자연수끼리, 분자끼리 더하는 방법으로 풀어보세요.

01. $2\frac{3}{6}+1\frac{5}{6}=(\quad+\quad)+\frac{\square+\square}{\square}=\square\frac{\square}{\square}$

$=\square\frac{\square}{\square}$

02. $3\frac{4}{5}+2\frac{3}{5}=$

03. $\frac{5}{7}+1\frac{2}{7}=$

04. $3\frac{3}{4}+\frac{2}{4}=$

05. $2\frac{5}{8}+7\frac{3}{8}=$

소리내 풀기 가분수로 바꾸어 더하는 방법으로 풀어보세요.

06. $2\frac{5}{7}+1\frac{3}{7}=\frac{\square}{\square}+\frac{\square}{\square}$

$=\frac{\square+\square}{7}=\square=\square$

07. $1\frac{1}{3}+2\frac{2}{3}=$

08. $5\frac{2}{6}+\frac{5}{6}=$

09. $2\frac{2}{5}+\frac{4}{5}=$

10. $6\frac{7}{9}+3\frac{8}{9}=$

※ 문제에서 제시한 방법으로 풀어보고, 나는 어떻게 푸는 방법이 쉬운지 생각해 봅니다.

※ 분수부분의 값이 가분수이면 반드시 진분수로 바꿔줘야 합니다. 바꾸지 않으면 (계산이 끝난것이 아니므로) 틀린 답이 됩니다.

이어서 나는 ____ 을(를) 공부/연습할거야!!

63 분수의 덧셈 (연습1)

소리내 풀기 앞의 수에서 위의 수를 더한 값을 구하세요.

01.

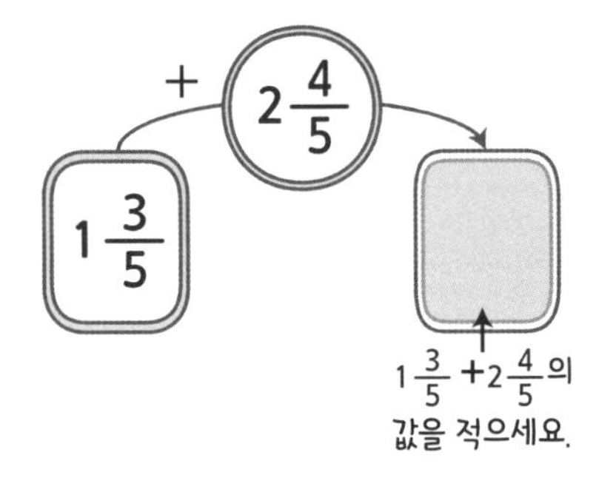

02.

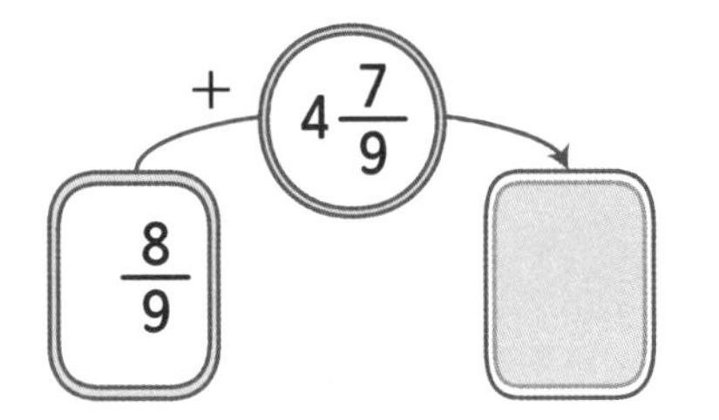

03.

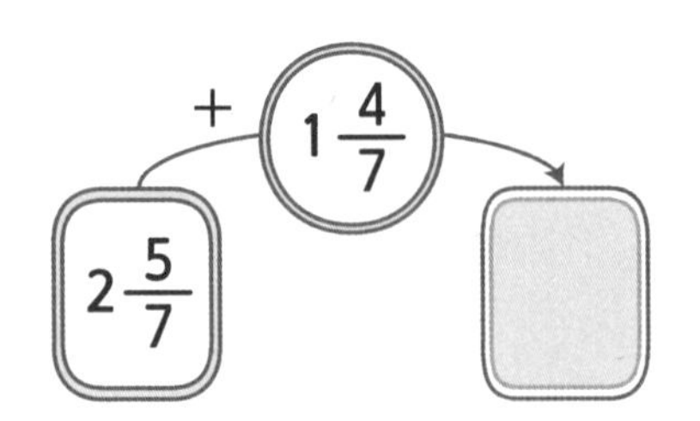

04.

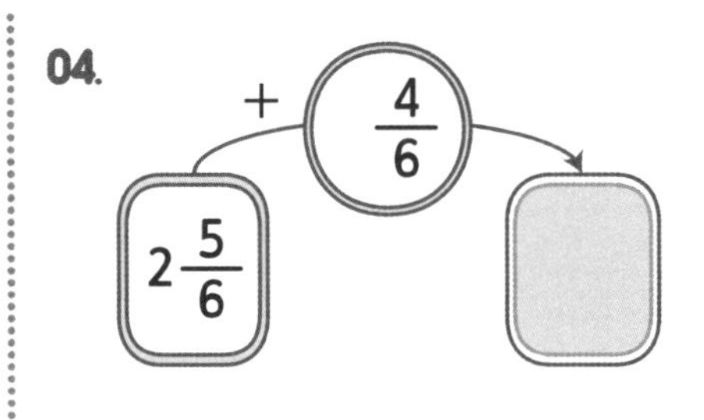

05.

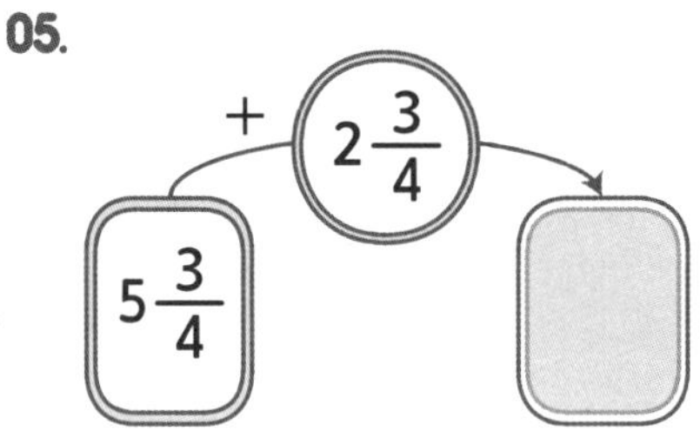

06.

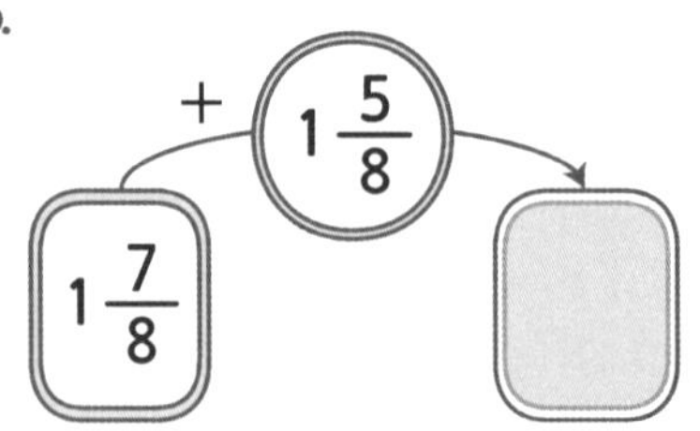

07.

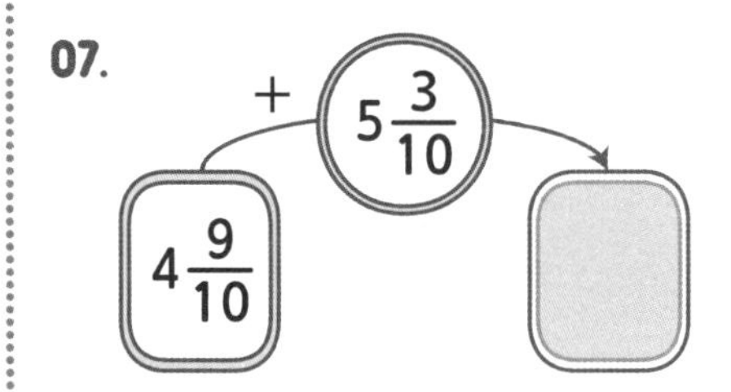

08.

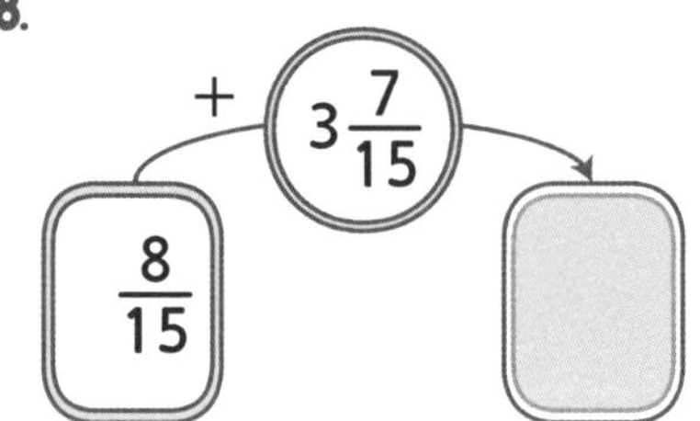

09.

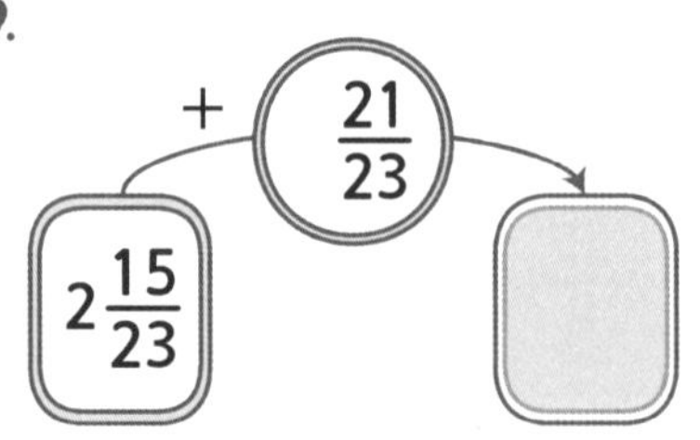

※ 틀린 문제가 있다면 곱셈구구를 다시 외워 보고, 더한 값이 10이 넘어 자리 올림을 잘 해줬는지 확인해 봅니다.

 이어서 나는 ____ 을(를) 공부/연습할거야!!

64 분수의 덧셈 (연습2)

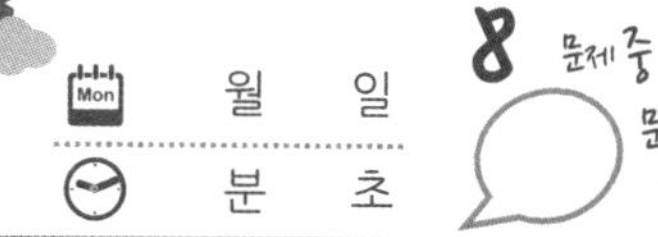

위의 숫자가 아래의 통에 들어가면 나오는 수를 계산해서 ▢에 적으세요.

01. $2\frac{5}{6}$ → $+2\frac{4}{6}$ → ▢

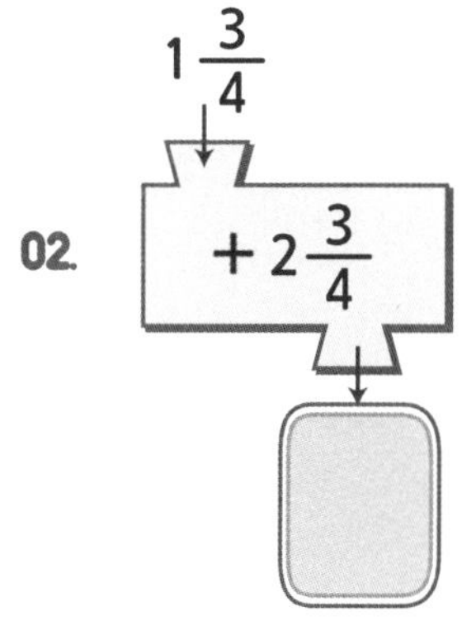

02. $1\frac{3}{4}$ → $+2\frac{3}{4}$ → ▢

03. $4\frac{4}{7}$ → $+1\frac{5}{7}$ → ▢

04. $3\frac{1}{5}$ → $+\frac{4}{5}$ → ▢

05. $\frac{8}{9}$ → $+2\frac{7}{9}$ → ▢

06. $2\frac{4}{5}$ → $+9\frac{2}{5}$ → ▢

07. $1\frac{11}{12}$ → $+\frac{5}{12}$ → ▢

08. $3\frac{15}{19}$ → $+2\frac{10}{19}$ → ▢

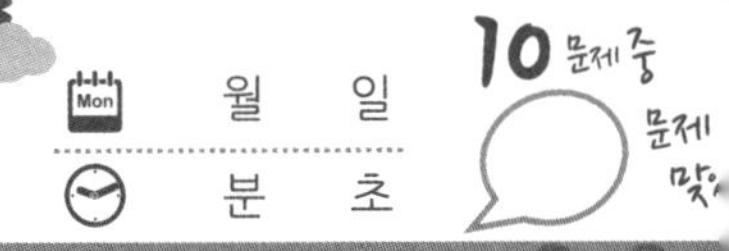

문제) 색 테이프를 정훈이는 $2\frac{4}{7}$ m, 영지는 $3\frac{5}{7}$m 가지고 있습니다. 두 사람은 모두 몇 m의 색테이프를 가지고 있을까요?

풀이) 정훈이 색 테이프 = $2\frac{4}{7}$ m　영지 색 테이프 = $3\frac{5}{7}$ m

전체 색테이프 = 정훈이 색테이프 + 영지 색테이프 이므로

식은 $2\frac{4}{7}+3\frac{5}{7}$ 이고 값은 $6\frac{2}{7}$ m 입니다.

식) $2\frac{4}{7}+3\frac{5}{7}$　답) $6\frac{2}{7}$

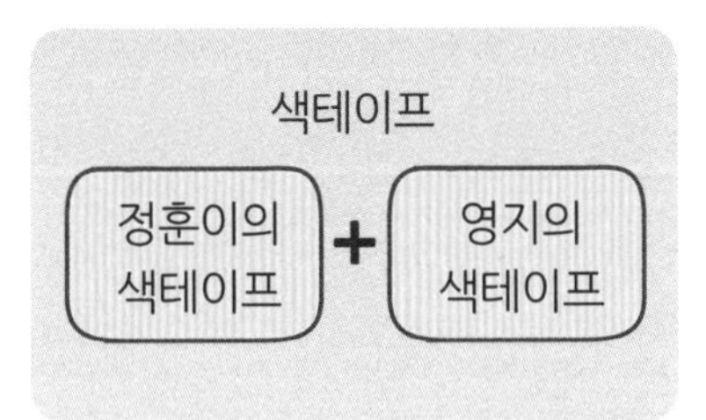

아래의 문제를 풀어보세요.

01. 우유 4통을 사서 어제 $2\frac{2}{3}$통을 마시고, 오늘 $1\frac{1}{3}$통을 마셨습니다. 어제와 오늘 마신 우유는 모두 몇 통 일까요?

풀이) 어제 마신 우유 = ☐ 통

오늘 마신 우유 = ☐ 통

전체 우유 = 어제 마신 우유 ☐ 오늘 마신 우유이므로

식은 ☐ 이고 답은 ☐ 입니다.

식) ________　답) ______ 통

02. 우리집에서 학교까지는 $1\frac{4}{5}$ km입니다. 집에서 학교까지 걸어 갔다 다시오면 몇 km를 걸은 걸까요?

풀이) 집에서 학교까지의 거리 = ☐

학교에서 집까지의 거리 = ☐

전체 거리 = 학교까지 거리 ☐ 집까지 거리이므로

식은 ☐ 이고 답은 ☐ 입니다.

식) ________　답) ______ km

03. 시장에서 고구마 $1\frac{1}{6}$Kg과 감자 $3\frac{4}{6}$Kg를 사서 봉투에 담았습니다. 봉투는 몇 kg일까요?

(식 2점 답 1점)

풀이)

식) ________　답) ______ kg

04. 내가 문제를 만들어 풀어 봅니다. (대분수 + 대분수)

(문제 2점 식 2점 답 1점)

풀이)

식) ________　답) ______

확인 (틀린 문제의 수를 적고, 약한 부분을 보충하세요.)

회차	틀린문제수
61 회	문제
62 회	문제
63 회	문제
64 회	문제
65 회	문제

생각해보기

앞에서 배운 5회차 내용이 모두 이해 되었나요?

1. 모두 이해되고 자신있다. → 다음 회로 넘어 갑니다.

2. 2~3문제 틀릴 수는 있겠지만 거의 이해한다.
   → 개념부분을 한번 더 읽고 다음 회로 넘어 갑니다.

3. 잘 모르는 것 같다.
   → 개념부분과 틀린문제를 한번 더 보고 다음 회로 넘어 갑니다.

틀린 문제가 있었다면 왜 틀렸을거라고 생각합니까?

1. 개념 설명이 어려워서 잘 모르겠다. 2. 다 아는데 실수한 것 같다.

3. 빨리 끝내고 싶어서 집중할 수가 없다. 4. 하기 싫어서....

오답노트 (앞에서 틀린 문제나 기억하고 싶은 문제를 적습니다.)

회 번	
문제	풀이

회 번	
문제	풀이

회 번	
문제	풀이

회 번	
문제	풀이

회 번	
문제	풀이

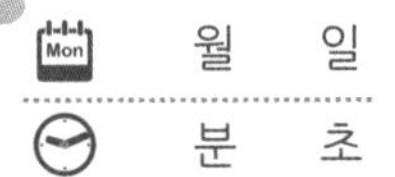

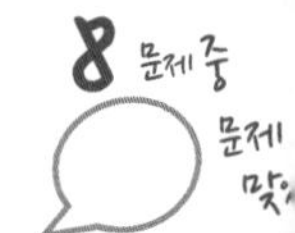

분모는 그대로 두고, **분자**만 **뺍**니다.

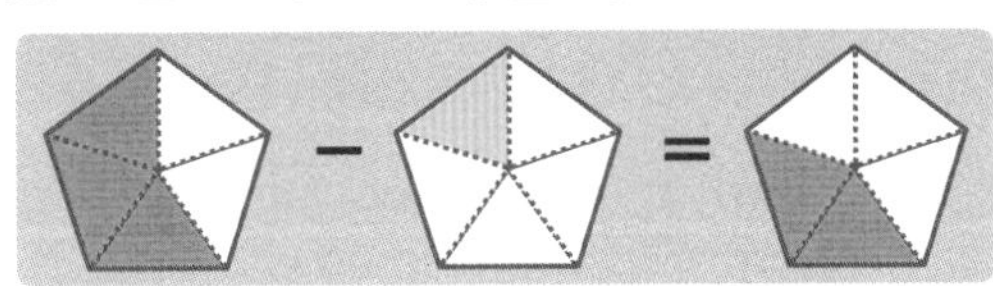

$$\frac{3}{5}-\frac{1}{5}=\frac{3-1}{5}=\frac{2}{5}$$

$\frac{1}{5}$ 조각 3개에서 $\frac{1}{5}$ 조각 1개를 빼면 $\frac{1}{5}$ 조각 2개가 됩니다.

자연수는 **대분수**로 바꿔 **빼** 줍니다.

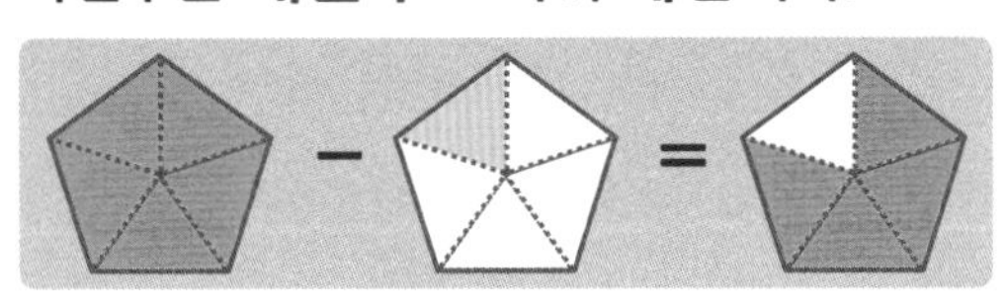

$$1-\frac{1}{5}=\frac{5}{5}-\frac{1}{5}=\frac{5-1}{5}=\frac{4}{5}$$

자연수 1을 분수로 만들어 줍니다.

아래의 그림을 완성하고, 분수의 뺄셈을 계산해 보세요.

01. $\frac{3}{4}-\frac{2}{4}=\frac{\square-\square}{\square}=\frac{\square}{\square}$

02. $\frac{2}{3}-\frac{1}{3}=\frac{\square-\square}{\square}=\frac{\square}{\square}$

03. $\frac{5}{6}-\frac{3}{6}=\frac{\quad-\quad}{\square}=\frac{\square}{\square}$

04. $\frac{7}{8}-\frac{5}{8}=\frac{\quad-\quad}{\square}=\frac{\square}{\square}$

05. $1-\frac{1}{4}=\frac{\square}{\square}-\frac{1}{4}=\frac{\square-\square}{\square}=\frac{\square}{\square}$

06. $1-\frac{2}{3}=\frac{\square}{\square}-\frac{2}{3}=\frac{\square-\square}{\square}=\frac{\square}{\square}$

07. $1-\frac{5}{6}=\frac{\square}{\square}-\frac{5}{6}=\frac{\square-\square}{\square}=\frac{\square}{\square}$

08. $1-\frac{3}{8}=\frac{\square}{\square}-\frac{3}{8}=\frac{\square-\square}{\square}=\frac{\square}{\square}$

※ 뺄때는 앞의 그림에 빼는 수만큼 ×을 표시하고, 남는 값을 생각해 봅니다.

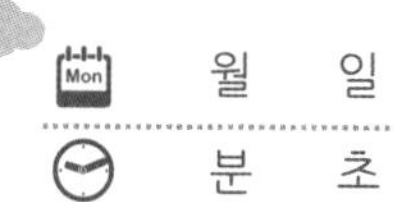

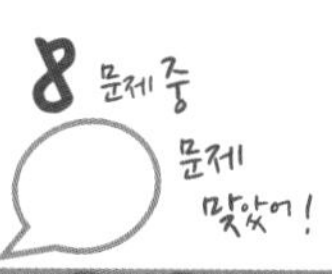

자연수는 자연수끼리, **분자**는 분자끼리 **빼** 줍니다.

$3\frac{2}{3} - 1\frac{1}{3} = (3-1) + \frac{2-1}{3} = 2\frac{1}{3}$

① 자연수끼리
② 분자끼리
③ 분모는 그대로

자연수에서 **1** 만큼 **가분수**로 만들어 **빼** 줍니다.

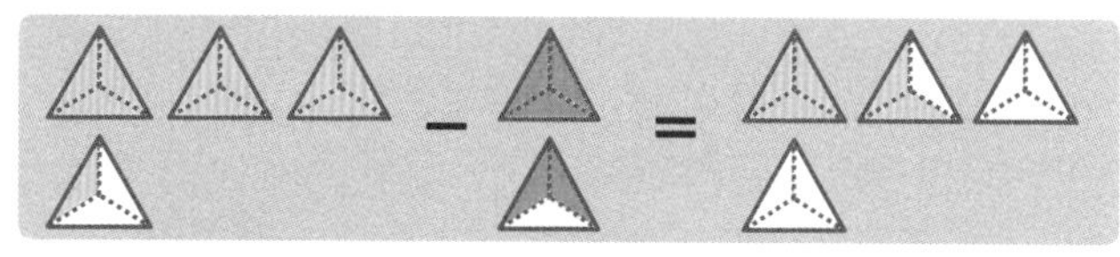

$3\frac{1}{3} - 1\frac{2}{3} = 2\frac{4}{3} - 1\frac{2}{3} = 1\frac{2}{3}$

1에서 2를 뺄 수 없으므로
자연수의 1을 빌려 가분수로 만들어 줍니다.

아래의 그림에서 × 표 해서 빼보고, 분수의 뺄셈을 계산해 보세요.

01. $2\frac{3}{4} - 1\frac{1}{4} = (\square - \square) + \frac{\square - \square}{\square} = \square\frac{\square}{\square}$

02. 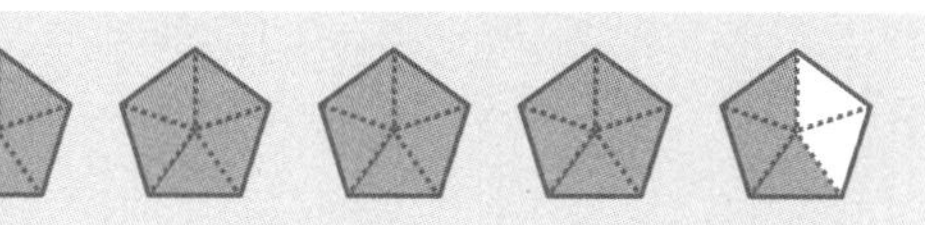

$4\frac{3}{5} - 2\frac{2}{5} = (\square - \square) + \frac{\square - \square}{\square} = \square\frac{\square}{\square}$

03. 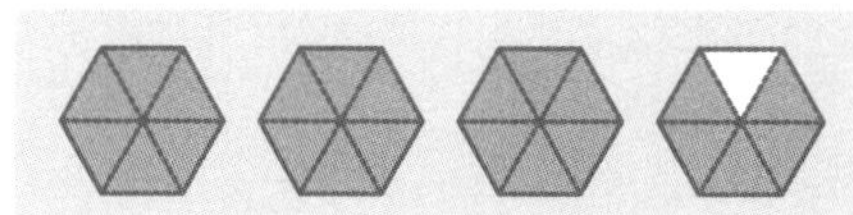

$3\frac{5}{6} - \frac{1}{6} = (\square - \square) + \frac{\square - \square}{\square} = \square\frac{\square}{\square}$

04. $1\frac{7}{9} - 1\frac{5}{9} = (\square - \square) + \frac{\square - \square}{\square} = \square\frac{\square}{\square}$

05. $3\frac{1}{4} - 2\frac{2}{4} = \square\frac{\square}{\square} - 2\frac{2}{4} = \square\frac{\square}{\square}$

06. 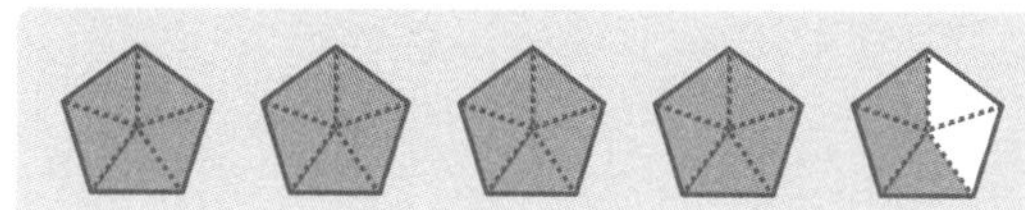

$4\frac{3}{5} - \frac{4}{5} = \square\frac{\square}{\square} - \frac{4}{5} = \square\frac{\square}{\square}$

07. 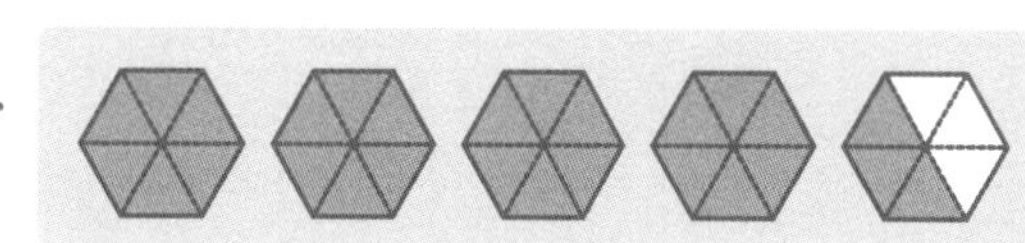

$4\frac{3}{6} - 1\frac{4}{6} = \square\frac{\square}{\square} - 1\frac{4}{6} = \square\frac{\square}{\square}$

08. $2\frac{1}{7} - 1\frac{3}{7} = \square\frac{\square}{\square} - 1\frac{3}{7} = \square\frac{\square}{\square}$

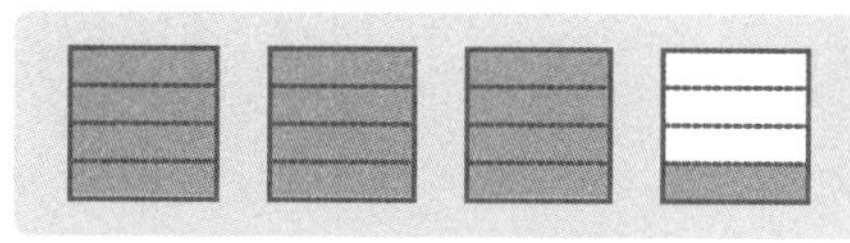
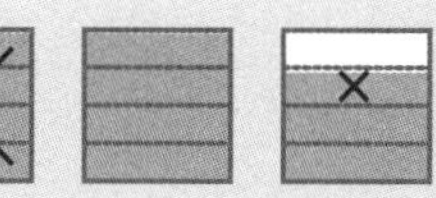
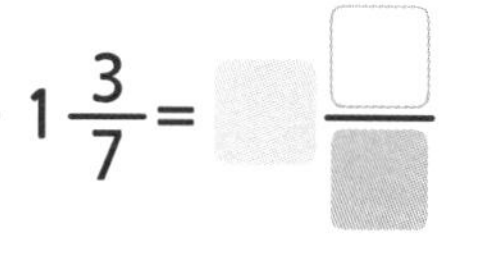

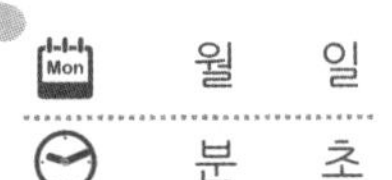

소리내 풀기 분수의 뺄셈을 계산해 보세요.

01. $3\frac{3}{5}-2\frac{2}{5}=(\square-\square)+\frac{\square-\square}{\square}=\square\frac{\square}{\square}$

02. $4\frac{3}{7}-1\frac{2}{7}=$

03. $2\frac{4}{9}-2\frac{2}{9}=$

04. $3\frac{2}{6}-1\frac{2}{6}=$

05. $1\frac{5}{8}-\frac{2}{8}=$

06. $5\frac{3}{5}-4\frac{4}{5}=\square\frac{\square}{\square}-4\frac{4}{5}=\square\frac{\square}{\square}$

07. $7\frac{1}{6}-3\frac{5}{6}=$

08. $8\frac{4}{9}-1\frac{7}{9}=$

09. $4\frac{2}{7}-3\frac{4}{7}=$

10. $3\frac{1}{4}-1\frac{3}{4}=$

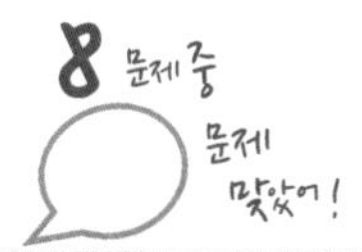

① 자연수에서 **1** 만큼 **가분수**로 만들어 **빼** 줍니다.

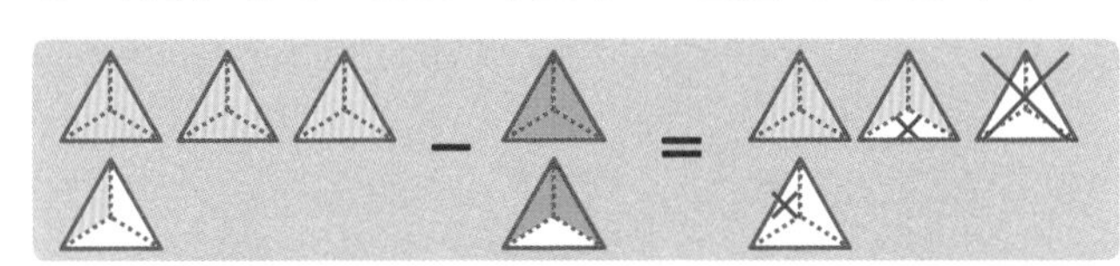

$3\frac{1}{3}-1\frac{2}{3}=2\frac{4}{3}-1\frac{2}{3}=1\frac{2}{3}$

1에서 2를 뺄 수 없으므로
자연수의 1을 빌려 가분수로 만들어 줍니다.

② 자연수 부분을 모두 **가분수**로 **바꾸어 빼** 줍니다.

$3\frac{1}{3}-1\frac{2}{3}=\frac{10}{3}-\frac{5}{3}$ (3×3+1, 1×3+2)

$=\frac{10-5}{3}=\frac{5}{3}=1\frac{2}{3}$

마지막에 가분수를 대분수로 바꿔줍니다.

자연수에서 1을 내려 가분수로 만들어 계산하세요.

01. $6\frac{1}{4}-3\frac{3}{4}=\square\frac{\square}{\square}-3\frac{3}{4}=\square\frac{\square}{\square}$

02. $4\frac{4}{9}-1\frac{8}{9}=$

03. $8\frac{1}{6}-1\frac{5}{6}=$

04. $5\frac{3}{8}-2\frac{7}{8}=$

소리내 풀기 모두 가분수로 바꾸어 빼는 방법으로 풀어보세요.

05. $6\frac{1}{4}-3\frac{3}{4}=\frac{}{}-\frac{}{}$

$=\frac{\square-\square}{4}=\square=\square$

06. $4\frac{4}{9}-1\frac{8}{9}=$

07. $8\frac{1}{6}-1\frac{5}{6}=$

08. $5\frac{3}{8}-2\frac{7}{8}=$

※ 1~4번 문제와 5~8번 문제는 같은 문제입니다. 꼭 푸는 방법을 다르게 하여 풀어보고, 나는 어떻게 푸는 방법이 쉬운지 생각해 봅니다.

소리내 풀기 자연수에서 1을 내려 가분수로 만들어 계산하세요.

01. $4\frac{2}{7}-2\frac{5}{7}=\square\frac{\square}{\square}-2\frac{5}{7}=\square\frac{\square}{\square}$

02. $2\frac{2}{9}-1\frac{4}{9}=$

03. $6\frac{3}{5}-5\frac{4}{5}=$

04. $5\frac{1}{4}-3\frac{3}{4}=$

05. $3\frac{1}{3}-\frac{2}{3}=$

소리내 풀기 모두 가분수로 바꾸어 빼는 방법으로 풀어보세요.

06. $4\frac{2}{7}-2\frac{5}{7}=\frac{\square}{\square}-\frac{\square}{\square}$

$=\frac{\square-\square}{7}=\square=\square$

07. $3\frac{3}{8}-1\frac{4}{8}=$

08. $4\frac{1}{6}-3\frac{5}{6}=$

09. $5\frac{1}{12}-3\frac{7}{12}=$

10. $2\frac{3}{23}-\frac{17}{23}=$

※ 문제에서 제시한 방법으로 풀어보고, 나는 어떻게 푸는 방법이 쉬운지 생각해 봅니다.

※ 분수부분의 값이 가분수이면 반드시 진분수로 바꿔줘야 합니다. 바꾸지 않으면 (계산이 끝난것이 아니므로) 틀린 답이 됩니다.

확인 (틀린 문제의 수를 적고, 약한 부분을 보충하세요.)

회차	틀린문제수
66 회	문제
67 회	문제
68 회	문제
69 회	문제
70 회	문제

생각해보기

앞에서 배운 5회차 내용이 모두 이해 되었나요?

1. 모두 이해되고 자신있다. → 다음 회로 넘어 갑니다.

2. 2~3문제 틀릴 수는 있겠지만 거의 이해한다.
→ 개념부분을 한번 더 읽고 다음 회로 넘어 갑니다.

3. 잘 모르는 것 같다.
→ 개념부분과 틀린문제를 한번 더 보고 다음 회로 넘어 갑니다.

틀린 문제가 있었다면 왜 틀렸을거라고 생각합니까?

1. 개념 설명이 어려워서 잘 모르겠다. 2. 다 아는데 실수한 것 같다.

3. 빨리 끝내고 싶어서 집중할 수가 없다. 4. 하기 싫어서....

오답노트 (앞에서 틀린 문제나 기억하고 싶은 문제를 적습니다.)

회 번

문제	풀이

회 번

문제	풀이

회 번

문제	풀이

회 번

문제	풀이

회 번

문제	풀이

자연수에서 1을 내려 가분수로 만들어 계산하세요.

01. $5\frac{1}{5}-1\frac{3}{5}=\square\frac{\square}{\square}-1\frac{3}{5}=\square\frac{\square}{\square}$

02. $3\frac{1}{3}-\ \frac{2}{3}=$

03. $4\frac{1}{6}-1\frac{5}{6}=$

04. $2\frac{1}{9}-1\frac{4}{9}=$

05. $6\frac{1}{8}-\ \frac{2}{8}=$

모두 가분수로 바꾸어 빼는 방법으로 풀어보세요.

06. $5\frac{1}{5}-1\frac{3}{5}=\frac{\square}{\square}-\frac{\square}{\square}$

$=\frac{\square-\square}{5}=\square=\square$

07. $2\frac{2}{7}-\ \frac{3}{7}=$

08. $6\frac{1}{4}-4\frac{2}{4}=$

09. $3\frac{1}{15}-2\frac{8}{15}=$

10. $3\frac{13}{36}-\ \frac{25}{36}=$

※ 문제에서 제시한 방법으로 풀어보고, 나는 어떻게 푸는 방법이 쉬운지 생각해 봅니다.

※ 분수부분의 값이 가분수이면 반드시 진분수로 바꿔줘야 합니다. 바꾸지 않으면 (계산이 끝난것이 아니므로) 틀린 답이 됩니다.

 이어서 나는 ______ 을(를) 공부/연습할거야!!

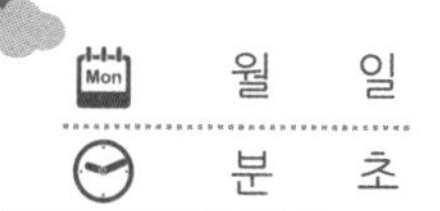

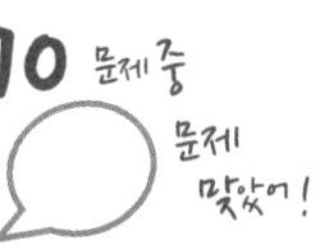

소리내 풀기 자연수에서 1을 내려 가분수로 만들어 계산하세요.

01. $1\frac{1}{4} - \frac{3}{4} = \square\frac{\square}{\square} - \frac{3}{4} = \square\frac{\square}{\square}$

02. $2\frac{2}{7} - 1\frac{6}{7} =$

03. $6\frac{1}{5} - 5\frac{2}{5} =$

04. $5\frac{5}{9} - 3\frac{7}{9} =$

05. $3\frac{4}{6} - \frac{5}{6} =$

소리내 풀기 모두 가분수로 바꾸어 빼는 방법으로 풀어보세요.

06. $1\frac{1}{4} - \frac{3}{4} = \frac{\square}{\square} - \frac{\square}{\square}$

$= \frac{\square - \square}{4} = \square$

07. $3\frac{3}{8} - 1\frac{4}{8} =$

08. $4\frac{7}{10} - 3\frac{9}{10} =$

09. $5\frac{7}{30} - 3\frac{16}{30} =$

10. $2\frac{13}{50} - \frac{27}{50} =$

이어서 나는 ______ 을(를) 공부/연습할거야!!

73 분수의 뺄셈 (연습1)

앞의 수에서 위의 수를 뺀 값을 구하세요.

01.

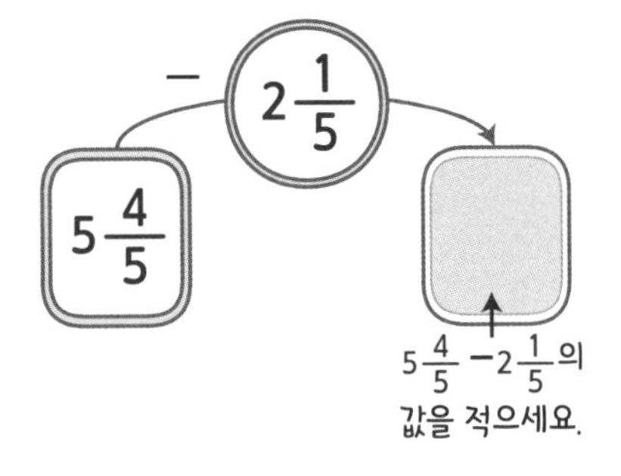

04.

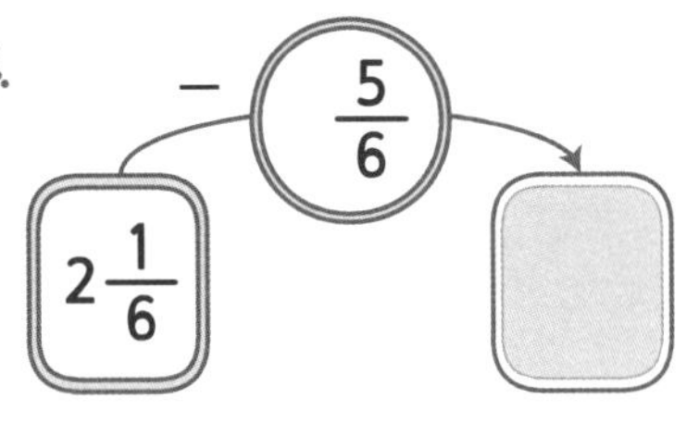

07.

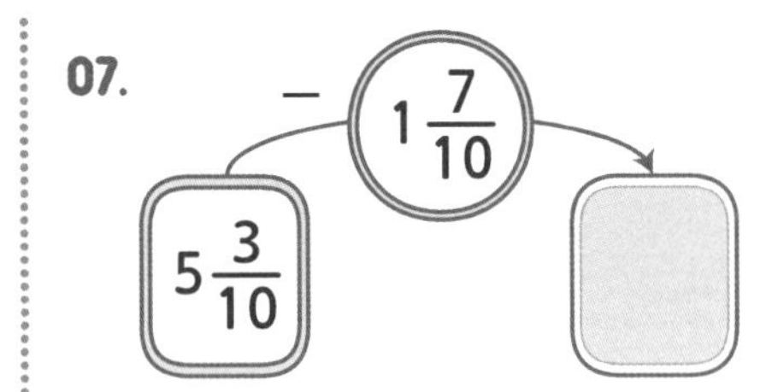

02.

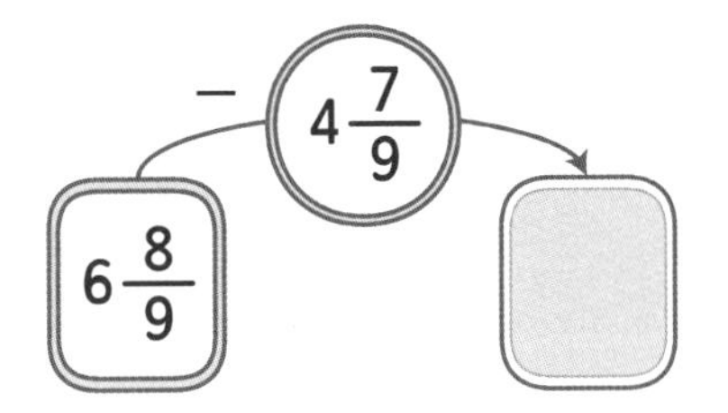

05.

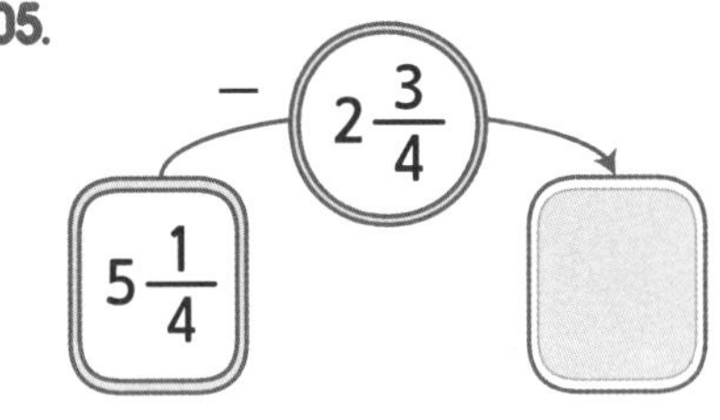

08.

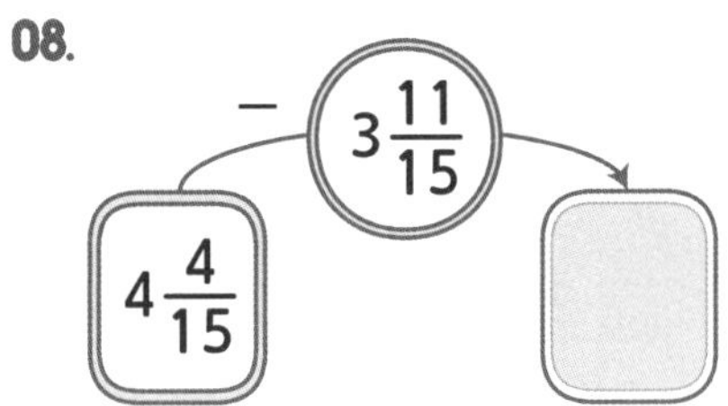

03.

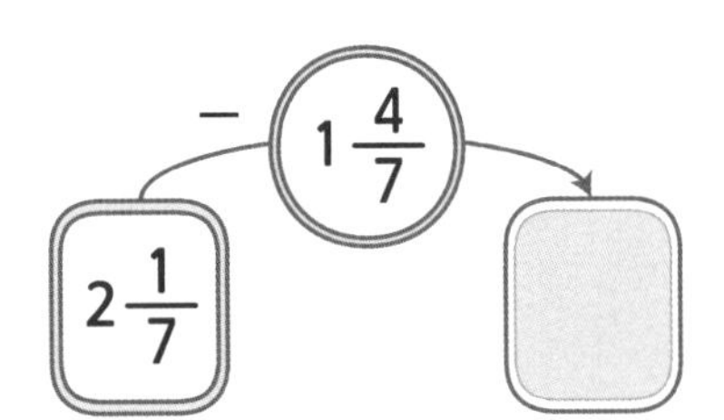

06.

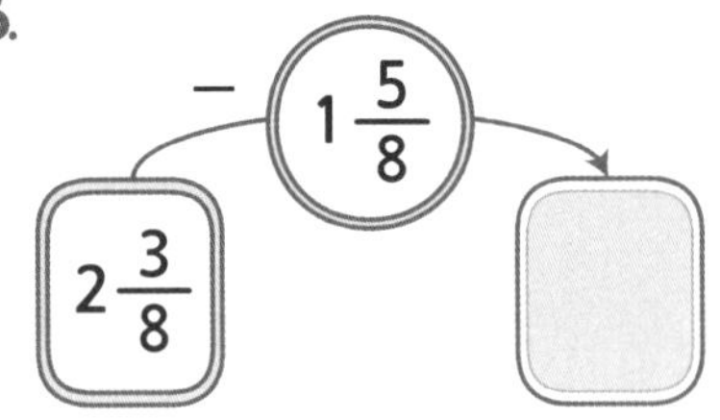

09.

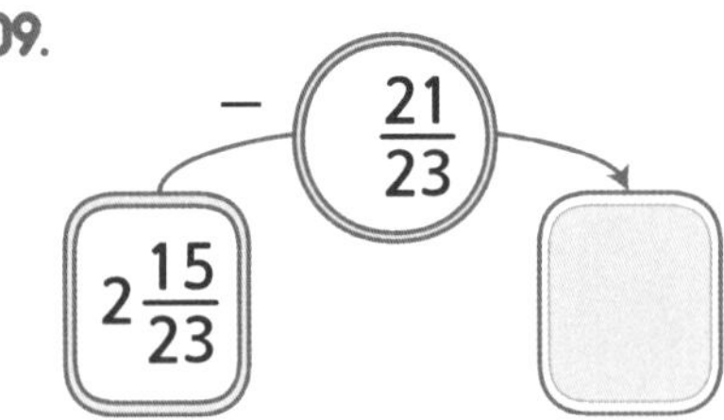

이어서 나는 ______ 을(를) 공부/연습할거야!!

위의 숫자가 아래의 통에 들어가면 나오는 수를 계산해서 ▢에 적으세요.

01. $2\frac{5}{6}$ → $-2\frac{4}{6}$ → ▢

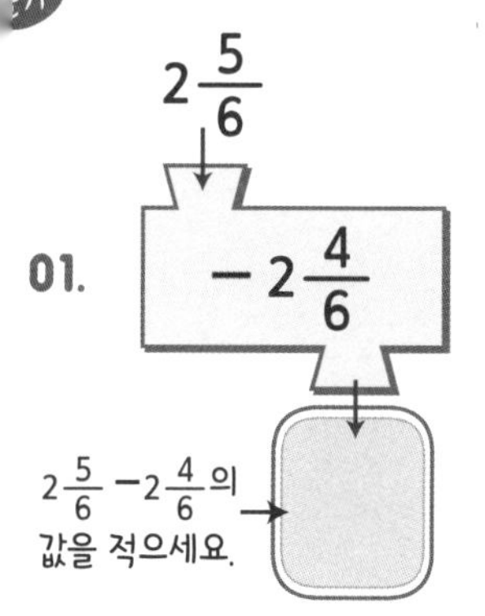

02. $1\frac{1}{4}$ → $-\frac{3}{4}$ → ▢

03. $4\frac{2}{7}$ → $-1\frac{5}{7}$ → ▢

04. $3\frac{3}{5}$ → $-\frac{4}{5}$ → ▢

05. $9\frac{2}{9}$ → $-2\frac{7}{9}$ → ▢

06. $7\frac{1}{5}$ → $-1\frac{2}{5}$ → ▢

07. $3\frac{5}{12}$ → $-\frac{11}{12}$ → ▢

08. $4\frac{4}{19}$ → $-2\frac{10}{19}$ → ▢

75 분수의 뺄셈 (생각문제)

월 일
분 초

문제) 색 테이프를 5m 사서 어제 $2\frac{4}{7}$ m를 사용하였다면 남은 색테이프는 몇 m일까요?

풀이) 처음 색 테이프 = 5 m 사용한 색 테이프 = $2\frac{4}{7}$ m

남은 색 테이프 = 처음 색 테이프 − 사용한 색 테이프 이므로

식은 $5 - 2\frac{4}{7}$ 이고 값은 $2\frac{3}{7}$ m 입니다.

식) $5 - 2\frac{4}{7}$ 답) $2\frac{3}{7}$

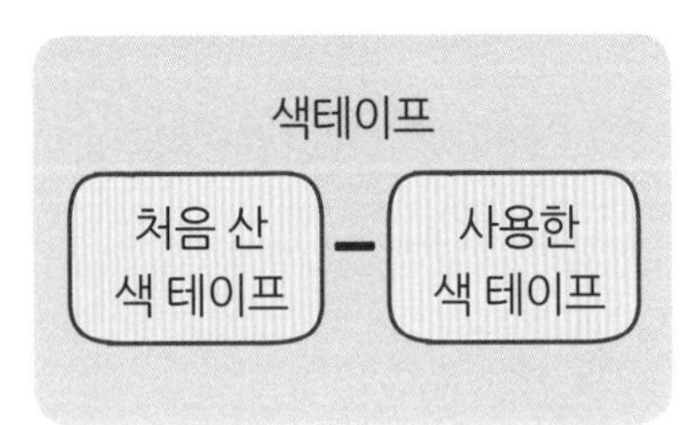

아래의 문제를 풀어보세요.

01. 우유 4통을 사서 $2\frac{2}{3}$ 통을 마셨습니다. 지금은 우유가 얼마나 남았을까요?

풀이) 처음 우유 = ☐

마신 우유 = ☐

남은 우유 = 처음 우유 ☐ 마신 우유이므로

식은 ☐ 이고 답은 ☐ 입니다.

식) ________ 답) ______ 통

02. 우리집에서 학교까지는 $2\frac{1}{5}$ km입니다. 집에서 학교까지 $1\frac{4}{5}$ km만큼 걸어 왔다면 남은 거리는 몇 km일까요?

풀이) 집에서 학교까지의 거리 = ☐

걸어온 거리 = ☐

남은 거리 = 학교까지 거리 ☐ 걸어온 거리이므로

식은 ☐ 이고 답은 ☐ 입니다.

식) ________ 답) ______ km

03. 어떤 상자를 가득 채우면 $3\frac{1}{6}$ Kg이 된다고 합니다. 현재 $1\frac{5}{6}$ Kg이 있다면, 몇 kg이 더 있어야 상자를 다 채울까요?

(식 2점 답 1점)

풀이)

식) ________ 답) ______ kg

04. 내가 문제를 만들어 풀어 봅니다. (대분수 - 대분수)

(문제 2점 식 2점 답 1점)

풀이)

식) ________ 답) ______

 이어서 나는 ______ 을(를) 공부/연습할거야!!

확인 (틀린 문제의 수를 적고, 약한 부분을 보충하세요.)

회차	틀린문제수
71 회	문제
72 회	문제
73 회	문제
74 회	문제
75 회	문제

생각해보기

앞에서 배운 5회차 내용이 모두 이해 되었나요?

1. 모두 이해되고 자신있다. → 다음 회로 넘어 갑니다.

2. 2~3문제 틀릴 수는 있겠지만 거의 이해한다.
 → 개념부분을 한번 더 읽고 다음 회로 넘어 갑니다.

3. 잘 모르는 것 같다.
 → 개념부분과 틀린문제를 한번 더 보고 다음 회로 넘어 갑니다.

틀린 문제가 있었다면 왜 틀렸을거라고 생각합니까?

1. 개념 설명이 어려워서 잘 모르겠다. 2. 다 아는데 실수한 것 같다.

3. 빨리 끝내고 싶어서 집중할 수가 없다. 4. 하기 싫어서....

오답노트 (앞에서 틀린 문제나 기억하고 싶은 문제를 적습니다.)

회 번

문제	풀이

회 번

문제	풀이

회 번

문제	풀이

회 번

문제	풀이

회 번

문제	풀이

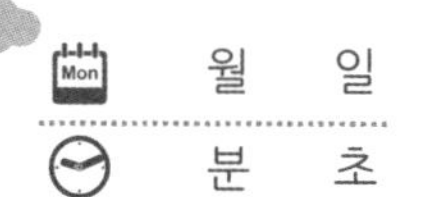

76 분수의 덧셈과 뺄셈 (연습1)

월 일
분 초

6 문제 중 문제 맞음

아래 분수를 계산하여 값을 구하세요.

01. $1\frac{1}{4}+\frac{2}{4}+5\frac{3}{4}=$

04. $5\frac{3}{8}-3\frac{7}{8}+2\frac{4}{8}=$

02. $2\frac{1}{3}+1\frac{2}{3}-2\frac{2}{3}=$

05. $3\frac{5}{7}-\frac{3}{7}+2\frac{3}{7}=$

03. $\frac{2}{5}+3\frac{4}{5}-1\frac{3}{5}=$

06. $4\frac{1}{9}-2\frac{3}{9}-\frac{4}{9}=$

※ 분수 3개의 계산도 앞의 두개를 계산한 값에 3번째 분수를 계산합니다.

※ 모든 계산이 끝난 후에 분수부분을 진분수로 바꿔 주는 것이 편합니다.

 이어서 나는 ______ 을(를) 공부/연습할거야!!

아래 분수를 계산하여 값을 구하세요.

01. $3\frac{1}{2}+1\frac{1}{2}+\frac{1}{2}=$ □

04. $4\frac{2}{4}-3\frac{1}{4}+1\frac{3}{4}=$ □

02. $2\frac{2}{5}+2\frac{3}{5}-4\frac{3}{5}=$ □

05. $5\frac{4}{9}-1\frac{5}{9}+4\frac{8}{9}=$ □

03. $4\frac{4}{7}+\frac{3}{7}-2\frac{1}{7}=$ □

06. $7\frac{1}{10}-2\frac{7}{10}-2\frac{9}{10}=$ □

※ 분수 3개의 계산도 자연수끼리, 분자부분끼리 한번에 계산하면 빠르지만, 지금은 순서대로 계산해 보도록 합니다.

아래 문제를 풀어서 값을 빈칸에 적으세요.

01.

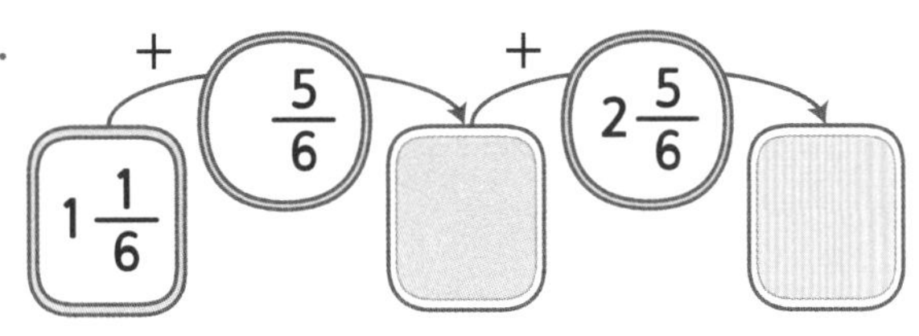

02.

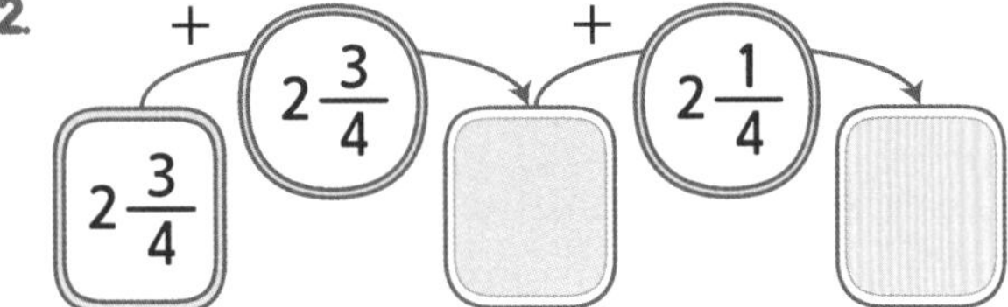

03.

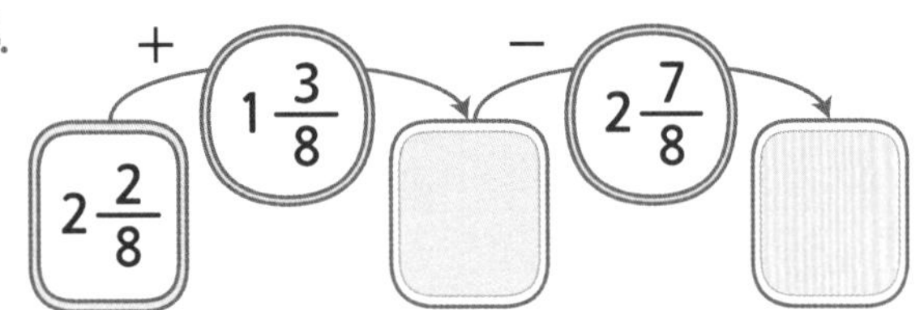

04.

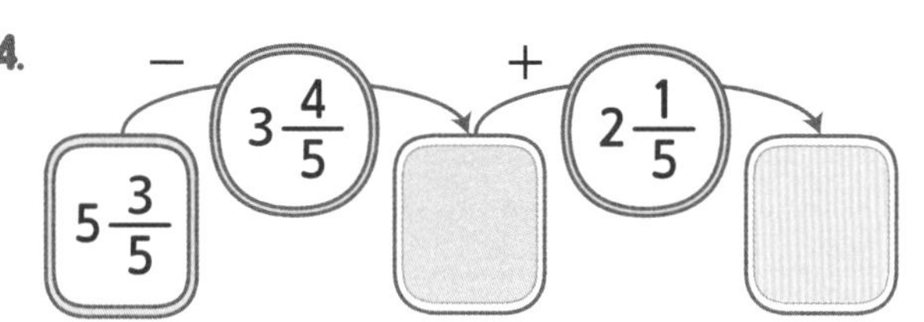

05.

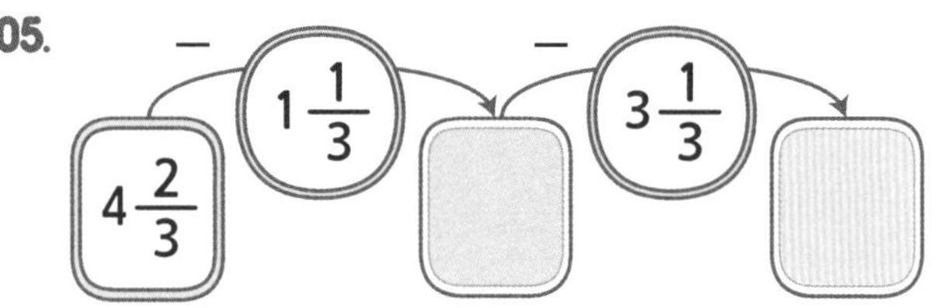

06.

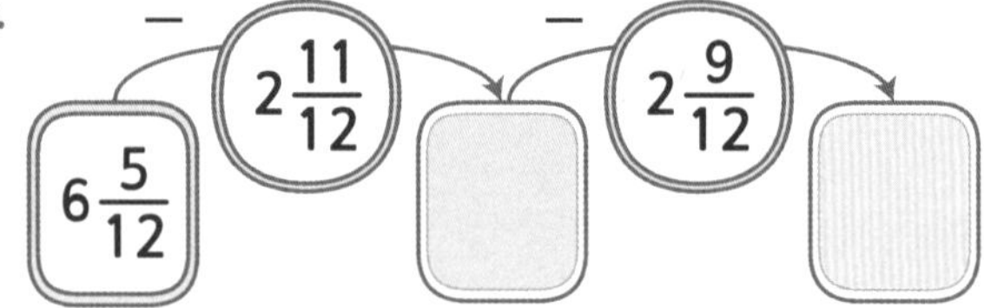

※ 분수 3개의 계산도 앞 2개의 분수를 먼저 계산한 값에 3번째 분수를 계산합니다.

※ 모든 계산이 끝난 후에 분수부분을 진분수로 바꿔 주는 것이 편합니다.

79 분수의 덧셈과 뺄셈 (연습4)

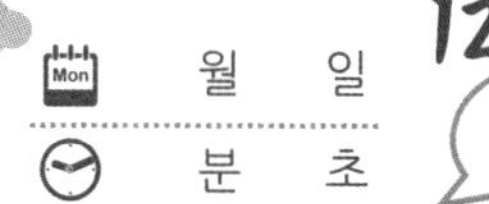

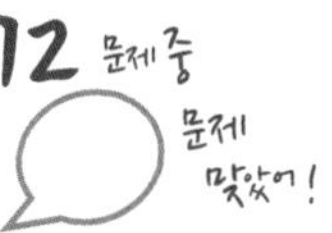

위의 숫자가 아래의 통에 들어가면 나오는 수를 계산해서 □에 적으세요.

01. $1\frac{1}{2}$

$+2\frac{1}{2}$ → □ → $+2\frac{1}{2}$ → □

02. $\frac{4}{6}$

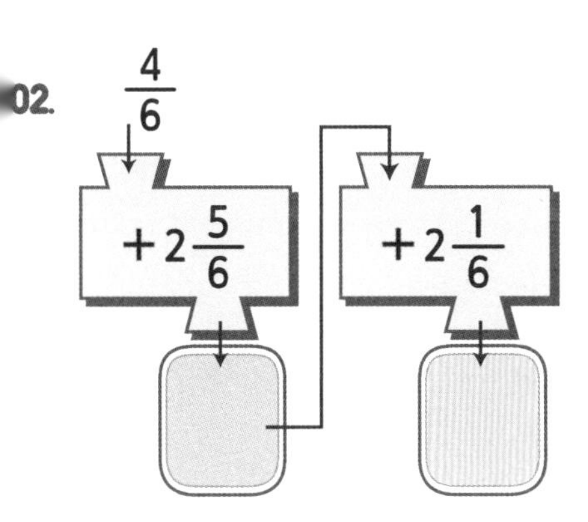

03. $3\frac{1}{3}$

$+2\frac{2}{3}$ → □ → $-2\frac{1}{3}$ → □

04. $4\frac{2}{5}$

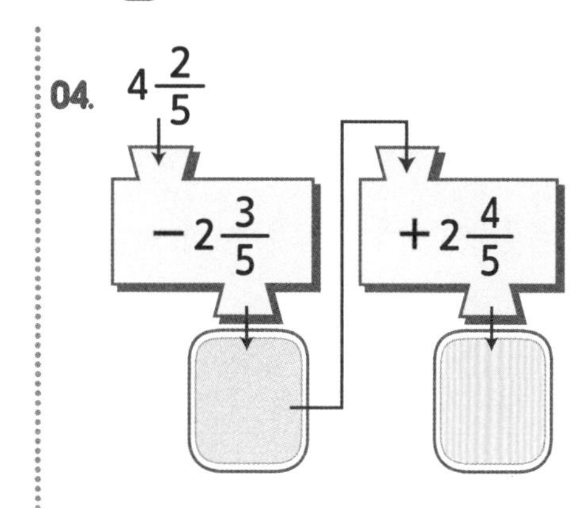

05. $6\frac{3}{4}$

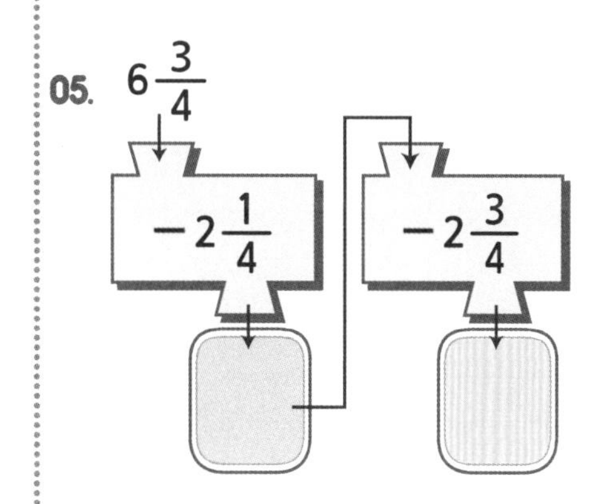

06. $5\frac{9}{14}$

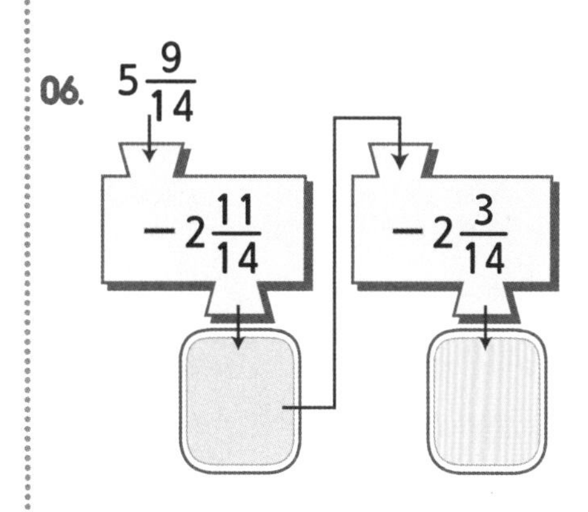

※ 분수 3개의 계산도 자연수끼리, 분자부분끼리 한번에 계산하면 빠르지만, 지금은 순서대로 계산해 보도록 합니다.

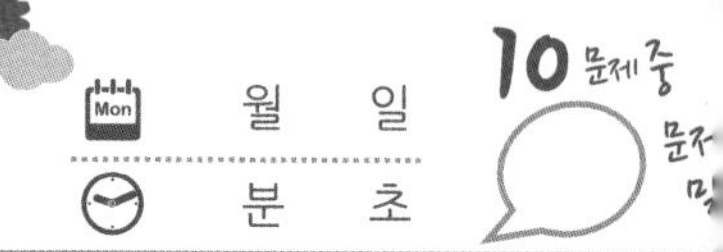

80 분수의 덧셈과 뺄셈 (생각문제)

문제) 색 테이프를 6m 사서 어제 $2\frac{2}{7}$ m를 사용하고, 오늘 $1\frac{6}{7}$ m를 사용하였다면 남은 색테이프는 몇 m일까요?

풀이) 처음 m = 6 m　어제 쓴 m = $2\frac{2}{7}$ m　오늘 쓴 m = $1\frac{6}{7}$ m

남은 m = 처음 m − 어제 쓴 m − 오늘 쓴 m 이므로

식은 $6 - 2\frac{2}{7} - 1\frac{6}{7}$ 이고 값은 $\frac{6}{7}$ m 입니다.

식) $6 - 2\frac{2}{7} - 1\frac{6}{7}$　　답) $1\frac{6}{7}$ m

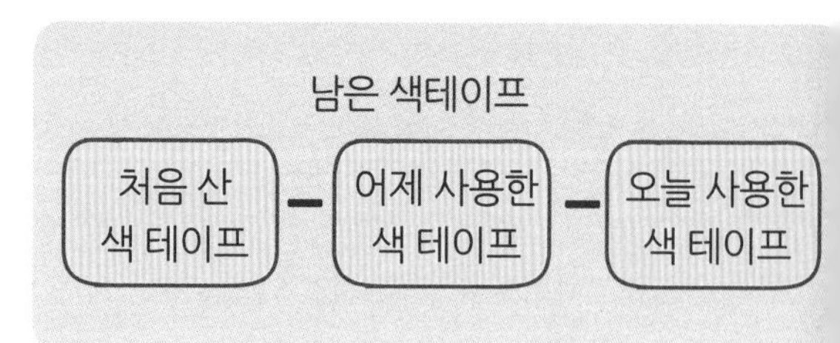

아래의 문제를 풀어보세요.

01. 우유 4통을 사서 $2\frac{5}{8}$ 통을 마시고, 내일 먹을 우유를 2통 더 사왔습니다. 지금은 우유가 얼마나 있을까요?

풀이) 처음 우유 = ☐　마신 우유 = ☐

더 사온 우유 = ☐

지금 우유 = 처음 우유 ☐ 마신 우유 ☐ 더 사온 우유이므로 식은 ☐ 이고 답은 ☐ 입니다.

식) ______　　답) ______ 통

02. 물통에 $3\frac{2}{5}$ L가 있었습니다. 오전에 $2\frac{4}{5}$ L만큼 먹고, 점심시간에 $1\frac{3}{5}$ L만큼 더 넣었다면 지금은 몇 L가 있을까요?

풀이) 처음 물 = ☐　마신 물 = ☐

더 담은 물 = ☐

지금 물 = 처음 물 ☐ 마신 물 ☐ 더 담은 물 이므로 식은 ☐ 이고 답은 ☐ 입니다.

식) ______　　답) ______ L

03. 어떤 상자에 $2\frac{5}{6}$ Kg만큼 물건이 들어있는데, 고구마 $1\frac{3}{6}$ Kg, 감자 $3\frac{5}{6}$ Kg을 더 담으면 상자는 몇 Kg이 될까요?

(식 2점 답 1점)

풀이)

식) ______　　답) ______ kg

04. 내가 문제를 만들어 풀어 봅니다. (대분수 3개의 계산)

(문제 2점 식 2점 답 1점)

풀이)

식) ______　　답) ______

확인 (틀린 문제의 수를 적고, 약한 부분을 보충하세요.)

회차	틀린문제수
76 회	문제
77 회	문제
78 회	문제
79 회	문제
80 회	문제

생각해보기

앞에서 배운 5회차 내용이 모두 이해 되었나요?

1. 모두 이해되고 자신있다. → 다음 회로 넘어 갑니다.

2. 2~3문제 틀릴 수는 있겠지만 거의 이해한다.
   → 개념부분을 한번 더 읽고 다음 회로 넘어 갑니다.

3. 잘 모르는 것 같다.
   → 개념부분과 틀린문제를 한번 더 보고 다음 회로 넘어 갑니다.

틀린 문제가 있었다면 왜 틀렸을거라고 생각합니까?

1. 개념 설명이 어려워서 잘 모르겠다. 2. 다 아는데 실수한 것 같다.

3. 빨리 끝내고 싶어서 집중할 수가 없다. 4. 하기 싫어서....

오답노트 (앞에서 틀린 문제나 기억하고 싶은 문제를 적습니다.)

회 번

문제	풀이

회 번

문제	풀이

회 번

문제	풀이

회 번

문제	풀이

회 번

문제	풀이

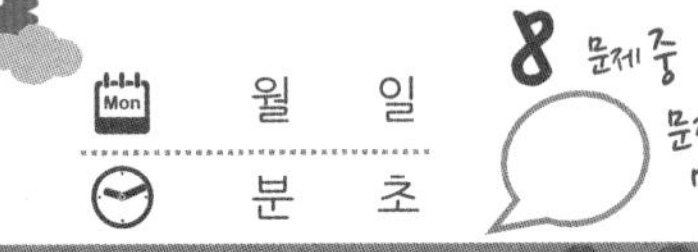

81 혼합계산의 순서 (1)

월 일
분 초

덧셈과 **뺄셈**이 섞여 있는 식

+, − 만 있는 식은 앞에서 부터 차례대로 계산합니다.

75 − 15 + 27 = 60 + 27 (①)
= 87 (②)

( )가 있는 식은 ( ) 안을 먼저 계산합니다.

( ) 안을 먼저 계산한 다음, 앞에서 부터 계산합니다.

75 − (15 + 27) = 75 − 42 (①)
= 33 (②)

( )이 있으면 제일 먼저 계산합니다.

계산 순서를 잘 생각해서, 아래 문제를 풀어보세요.

01. 35 − 15 + 20 = ☐ (① ☐, ② ☐)

05. 35 − (15 + 20) = ☐ (① ☐, ② ☐)

02. 23 + 27 − 23 = ☐

06. 23 + (27 − 23) = ☐

03. 67 − 32 − 19 = ☐

07. 67 − (32 − 19) = ☐

04. 54 + 12 + 15 = ☐

08. 54 + (12 + 15) = ☐

※ 1~4번 문제와 5~8번 문제는 같은 문제가 아닙니다. ( ) 괄호에 의해서 계산하는 순서가 바뀌어 값이 틀립니다.
(값이 같을 수도 있지만, 계산하는 순서는 다릅니다.)

 이어서 나는 ☐ 을(를) 공부/연습할거야!!

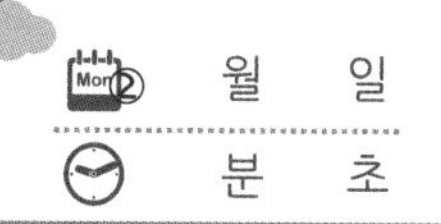

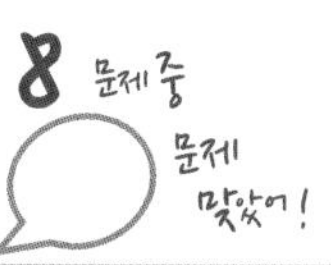

계산 순서를 잘 생각해서, 아래 문제를 풀어보세요.

01. 28 + 47 − 39 − 26 = ☐

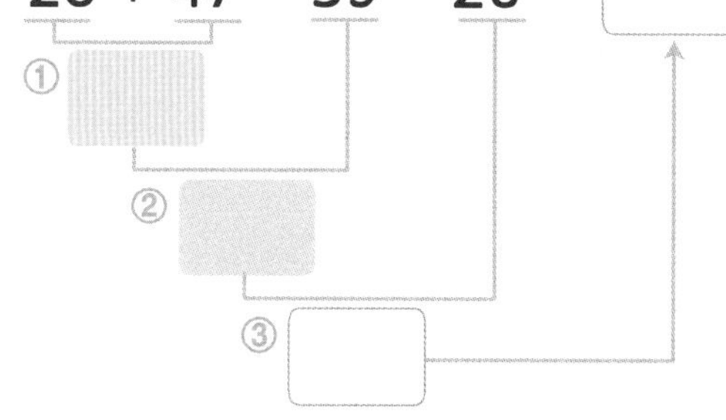

02. 90 − 36 + 14 − 22 = ☐

03. 16 + 23 − 21 − 13 = ☐

04. 52 − 15 − 20 + 12 = ☐

05. 28 + 47 − (39 − 26) = ☐

①
②
③

06. 90 − (36 + 14) − 22 = ☐

①
②
③

07. 16 + 23 − (21 − 13) = ☐

08. (52 − 15) − (20 + 12) = ☐

※ 덧셈, 뺄셈이 섞여 있는 계산은 앞에서 순서대로 계산합니다. ( )가 있으면, ( ) 먼저 계산합니다.

83 혼합계산의 순서 (2)

곱셈과 **나눗셈**이 섞여 있는 식

×, ÷ 만 있는 식은 앞에서 부터 차례대로 계산합니다.

$15 \div 3 \times 5 = 5 \times 5$ ①

$= 25$ ②

( )가 있는 식은 ( ) 안을 먼저 계산합니다.

( ) 안을 먼저 계산한 다음, 앞에서 부터 계산합니다.

$15 \div (3 \times 5) = 15 \div 15$ ①

$= 1$ ②

( )이 있으면 제일 먼저 계산합니다.

계산 순서를 잘 생각해서, 아래 문제를 풀어보세요.

01. $50 \div 5 \times 10 = \square$ ① ②

05. $50 \div (5 \times 10) = \square$ ① ②

02. $12 \times 12 \div 6 = \square$

06. $12 \times (12 \div 6) = \square$

03. $64 \div 16 \div 4 = \square$

07. $64 \div (16 \div 4) = \square$

04. $3 \times 20 \times 50 = \square$

08. $3 \times (20 \times 50) = \square$

※ 1~4번 문제와 5~8번 문제는 같은 문제가 아닙니다. ( ) 괄호에 의해서 순서가 바껴 값이 틀립니다.
(값이 같을 수도 있지만, 계산하는 순서는 다릅니다.)

84 혼합계산의 순서 (연습2)

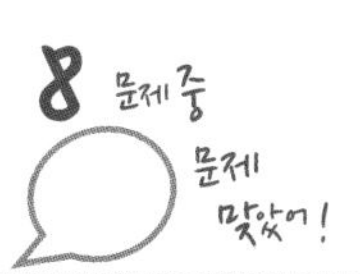

계산 순서를 잘 생각해서, 아래 문제를 풀어보세요.

01. $48 \div 3 \times 2 =$ ☐

02. $80 \div 4 \times 5 \times 9 =$ ☐

03. $5 \times 16 \div 4 \times 8 =$ ☐

04. $4 \times 25 \div 10 \times 2 =$ ☐

05. $48 \div (3 \times 2) =$ ☐

06. $80 \div (4 \times 5) \times 9 =$ ☐

07. $5 \times (16 \div 4) \times 8 =$ ☐

08. $(4 \times 25) \div (10 \times 2) =$ ☐

※ 덧셈, 뺄셈이 섞여 있는 계산은 앞에서 순서대로 계산합니다. ( )가 있으면, ( ) 먼저 계산합니다.

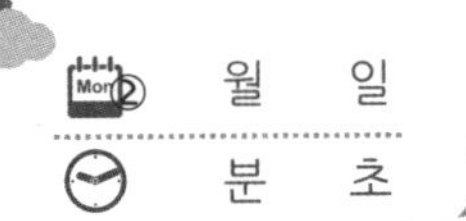

월 일
분 초

8 문제 중 문제 맞았어

계산 순서를 잘 생각해서, 아래 문제를 풀어보세요.

01. $48 + 17 - 29 + 36 =$ ☐

① ☐ ② ☐ ③ ☐

02. $66 - 32 + 31 + 17 =$ ☐

03. $15 \times 24 \div 12 \div 2 =$ ☐

04. $36 \div 18 \times 12 \div 6 =$ ☐

05. $48 + 17 - (29 + 36) =$ ☐

① ☐ ② ☐ ③ ☐

06. $66 - (32 + 31) + 17 =$ ☐

① ☐ ② ☐ ③ ☐

07. $15 \times 24 \div (12 \div 2) =$ ☐

08. $(36 \div 18) \times (12 \div 6) =$ ☐

※ 덧셈, 뺄셈이 섞여 있는 계산은 앞에서 순서대로 계산합니다. ( )가 있으면, ( ) 먼저 계산합니다.

 이어서 나는 ☐ 을(를) 공부/연습할거야!!

확인 (틀린 문제의 수를 적고, 약한 부분을 보충하세요.)

회차	틀린문제수
81 회	문제
82 회	문제
83 회	문제
84 회	문제
85 회	문제

생각해보기

앞에서 배운 5회차 내용이 모두 이해 되었나요?

1. 모두 이해되고 자신있다. → 다음 회로 넘어 갑니다.

2. 2~3문제 틀릴 수는 있겠지만 거의 이해한다.
   → 개념부분을 한번 더 읽고 다음 회로 넘어 갑니다.

3. 잘 모르는 것 같다.
   → 개념부분과 틀린문제를 한번 더 보고 다음 회로 넘어 갑니다.

틀린 문제가 있었다면 왜 틀렸을거라고 생각합니까?

1. 개념 설명이 어려워서 잘 모르겠다. 2. 다 아는데 실수한 것 같다.

3. 빨리 끝내고 싶어서 집중할 수가 없다. 4. 하기 싫어서....

오답노트 (앞에서 틀린 문제나 기억하고 싶은 문제를 적습니다.)

회 번	
문제	풀이

회 번	
문제	풀이

회 번	
문제	풀이

회 번	
문제	풀이

회 번	
문제	풀이

86 혼합계산의 순서 (3)

곱셈과 **나눗셈**은 덧셈, 뺄셈 보다 먼저 계산합니다.

×, ÷ 을 먼저 계산하고, +, − 을 앞에서 부터 차례로 계산합니다.

$$34 - 6 \times 3 + 1 = 34 - 18 + 1 = 16 + 1 = 17$$

(①: 6×3, ②: $34 - 18$, ③: $16 + 1$)

(   )가 있는 식은 (   ) 안을 먼저 계산합니다.

( ) 안을 먼저 계산한 다음, 앞에서 부터 계산합니다.

$$24 - 6 \times (3 + 1) = 24 - 6 \times 4 = 24 - 24 = 0$$

(①: $3 + 1$, ②: 6×4, ③: $24 - 24$)

계산 순서를 잘 생각해서, 아래 문제를 풀어보세요.

01. $35 + 15 \div 5 + 10 =$ ☐

① ☐ ② ☐ ③ ☐

04. $35 + 15 \div (5 + 10) =$ ☐

① ☐ ② ☐ ③ ☐

02. $24 + 40 - 20 \div 5 =$ ☐

05. $24 + (40 - 20) \div 5 =$ ☐

03. $50 - 24 \times 12 \div 6 =$ ☐

06. $(50 - 24) \times 12 \div 6 =$ ☐

 이어서 나는 ☐ 을(를) 공부/연습할거야!!

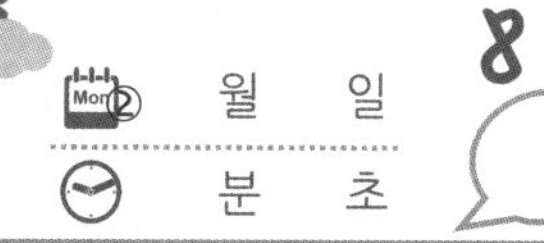

계산 순서를 잘 생각해서, 아래 문제를 풀어보세요.

01. $36 \times 11 \div 18 - 9 =$ ☐

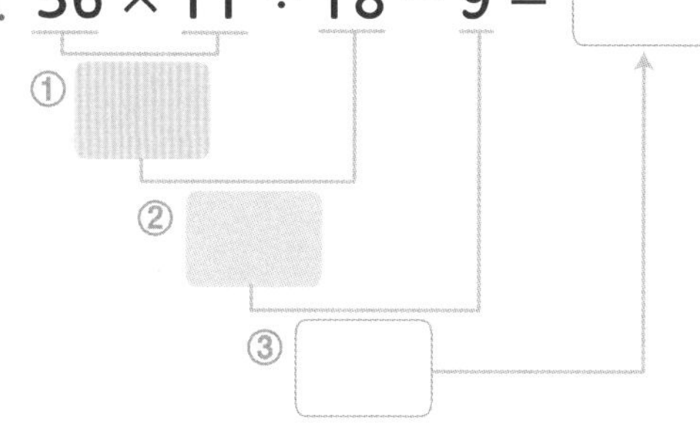

05. $36 \times 11 \div (18 - 9) =$ ☐

① ② ③

02. $60 \div 12 + 18 \div 2 =$ ☐

06. $60 \div (12 + 18) \div 2 =$ ☐

03. $36 + 10 \times 6 \div 12 =$ ☐

07. $(36 + 10 \times 6) \div 12 =$ ☐

04. $52 - 2 \times 20 - 12 =$ ☐

08. $(52 - 2) \times (20 - 12) =$ ☐

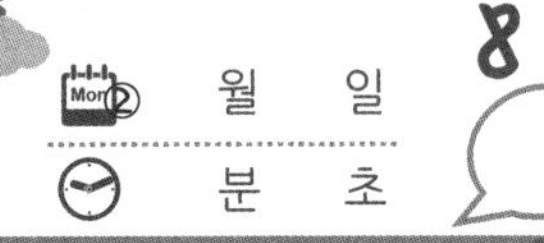

88 혼합계산의 순서 (연습5)

월 일
분 초

계산 순서를 잘 생각해서, 아래 문제를 풀어보세요.

01. $15 + 87 \div 29 + 12 \times 1 =$ ☐

02. $14 + 11 \times 4 + 48 \div 4 =$ ☐

03. $19 + 84 \div 14 - 12 \div 2 =$ ☐

04. $125 \div 25 \times 5 + 15 \div 5 =$ ☐

05. $(15 + 87) \div (29 - 12) \times 1 =$ ☐

06. $14 + 11 \times (4 + 48) \div 4 =$ ☐

07. $19 + 84 \div (14 - 12) \div 2 =$ ☐

08. $125 \div 25 \times (5 + 15) \div 5 =$ ☐

 이어서 나는 ☐ 을(를) 공부/연습할거야!!

( )와 { }이 있으면 ( )을 먼저 계산합니다.

① { }안의 ( ) ➡ ② { } ➡ ③ ×, ÷ ➡ ④ +, − 순으로 계산합니다.

$$5+\{20\div(7-3)\}\times3=5+\{20\div4\}\times3$$
$$=5+5\times3$$
$$=5+15$$
$$=20$$

① 4 ② 5 ③ 15 ④ 20

① { } 안의 ( )을 가장 먼저 계산하므로, 7−3을 계산합니다.

② { } 안의 20÷를 계산합니다.

③ +보다 ×를 먼저 계산해야 하므로, ×3을 계산합니다.

④ 5+를 계산하여, 값을 구합니다.

계산 순서를 잘 생각해서, 아래 문제를 풀어보세요.

01. $80\div8\times(5+1)-8=$ ☐

02. $20+45\div5\times(2+7)=$ ☐

03. $5\times(18+2)-10\div5=$ ☐

04. $80\div\{8\times(5+1)-8\}=$ ☐

05. $20+45\div\{5\times(2+7)\}=$ ☐

06. $\{5\times(18+2)-10\}\div5=$ ☐

월 일

분 초

소리내 풀기 계산 순서를 잘 생각해서, 아래 문제를 풀어보세요.

01. $\{ 104 - (16 \times 4) \} \div 8 =$ ☐

02. $(20 + 50) \div 14 - 9 \div 3 =$ ☐

03. $48 \div 24 - 8 \div 4 + 20 =$ ☐

04. $(7 + 3) \times (15 - 1) \div 7 =$ ☐

05. $\{ (104 - 16) \times 4 \} \div 8 =$ ☐

06. $\{ 20 + 50 \div (14 - 9) \} \div 3 =$ ☐

07. $48 \div \{ (24 - 8) \div 4 + 20 \} =$ ☐

08. $\{ 7 + 3 \times (15 - 1) \} \div 7 =$ ☐

이어서 나는 ☐ 을(를) 공부/연습할거야!!

확인 (틀린 문제의 수를 적고, 약한 부분을 보충하세요.)

회차	틀린문제수
86 회	문제
87 회	문제
88 회	문제
89 회	문제
90 회	문제

생각해보기

앞에서 배운 5회차 내용이 모두 이해 되었나요?

1. 모두 이해되고 자신있다. → 다음 회로 넘어 갑니다.

2. 2~3문제 틀릴 수는 있겠지만 거의 이해한다.
   → 개념부분을 한번 더 읽고 다음 회로 넘어 갑니다.

3. 잘 모르는 것 같다.
   → 개념부분과 틀린문제를 한번 더 보고 다음 회로 넘어 갑니다.

틀린 문제가 있었다면 왜 틀렸을거라고 생각합니까?

1. 개념 설명이 어려워서 잘 모르겠다. 2. 다 아는데 실수한 것 같다.

3. 빨리 끝내고 싶어서 집중할 수가 없다. 4. 하기 싫어서....

오답노트 (앞에서 틀린 문제나 기억하고 싶은 문제를 적습니다.)

회 번

문제	풀이

회 번

문제	풀이

회 번

문제	풀이

회 번

문제	풀이

회 번

문제	풀이

91 혼합계산의 순서 (확인1)

계산 순서를 잘 생각해서, 아래 문제를 풀어보세요.

01. $312 + 291 - 169 =$ ☐

02. $524 - (98 + 89) =$ ☐

03. $418 \div 38 \times 123 =$ ☐

04. $242 \div (308 \div 28) =$ ☐

05. $30 + (527 \div 17) \times 31 =$ ☐

06. $20 + (49 + 9) \times (14 - 4) =$ ☐

07. $48 \times \{ (24 - 8) \times 4 - 20 \} =$ ☐

08. $\{ 16 + 49 \times (15 + 1) \} \div 8 =$ ☐

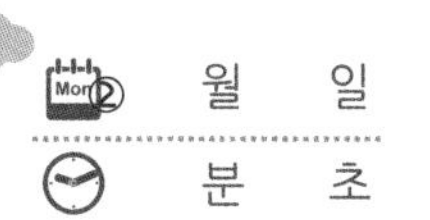

92 혼합계산의 순서 (확인2)

월 일
분 초
8 문제 중 문제 맞았어!

계산 순서를 잘 생각해서, 아래 문제를 풀어보세요.

01. $16 + (104 - 16) \div 4 - 8 = \square$

02. $(67 + 58) \div 5 \div (14 - 9) = \square$

03. $276 \div (32 - 9) \times 4 + 12 = \square$

04. $5 - (36 + 49) \div (35 - 18) = \square$

05. $\{60 - (5 + 7) \times 2\} \div 4 = \square$

06. $\{8 \times (6 - 3) + 6\} \div 3 - 5 = \square$

07. $30 - \{240 \div (4 \times 3) + 10\} = \square$

08. $\{900 \div (39 + 6)\} - 9 \div 3 = \square$

소리내 풀기 계산 순서를 잘 생각해서, 아래 문제를 풀어보세요.

01. $\{ 9 + (7 + 5) \div 3 \} \times 9 - 2 =$ ☐

02. $84 \div \{ (9 - 1) \times 6 \div 4 \} \times 5 =$ ☐

03. $60 - \{ 9 + (20 \div 5) \times 7 \} - 18 =$ ☐

04. $\{ 15 - (9 + 3 \times 7) \div 5 \} \div 3 =$ ☐

05. $\{ (98 \div 7 + 1) \times 4 \} \div 5 - 2 =$ ☐

06. $5 - \{ 16 + 64 \div (25 - 9) \} \div 4 =$ ☐

07. $42 \div \{ 24 \div (9 \div 3 - 2) - 3 \} =$ ☐

08. $\{ (8 + 40 - 12 \times 3) + 6 \} \times 7 =$ ☐

막대그래프 : 조사한 수를 막대로 나타낸 그래프

우리 반 학생 중 좋아하는 과일을 나타낸 표

과일	사과	딸기	수박	감	합계
학생 수 (명)	6	9	5	2	22

표를 막대그래프로 나타내기

표를 보고, 막대로 표시하면 막대그래프가 됩니다.

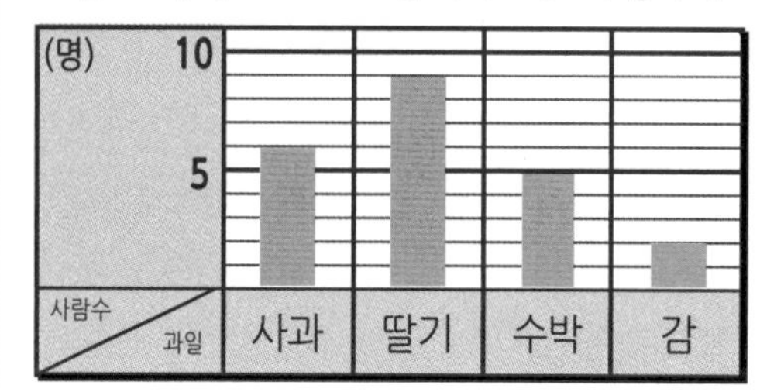

우리 반 학생 중 좋아하는 과일을 나타낸 막대그래프

아래는 표와 막대그래프의 특징을 이야기 한 것입니다. 빈 칸에 알맞은 글을 적으세요. (다 푼후 2번 읽어 봅니다.)

01. 알고 싶은 주제를 정해 자료를 조사하고, 분류하여 수를 숫자로 표시한 것을 [ ] 라고 하고, 조사한 수를 막대로 표시한 것을 [ ] 라고 합니다.

02. [ ] 는 많고 적음을 숫자로 나타내므로, 조사한 수량과 합계를 알아보기 쉽습니다.

03. [ ] 는 항목별 수량이 많으면 막대가 길고, 적으면 길이가 짧게 표시함으로, 많고 적음을 한 눈에 비교하기 쉽습니다.

04. [ ] 는 조사한 수량을 위로 올라가게 표시할 수도 있고, 옆으로 길게 표시할 수도 있습니다.
[ ] 는 조사한 수량만을 나타내고, 합계는 표시하지 않습니다. 합계는 [ ] 에만 나타납니다.

아래의 표를 보고, 막대그래프로 나타내려고 합니다. 막대 그래프를 완성하세요.

05. 우리반 학생들의 좋아하는 계절

계절	봄	여름	가을	겨울	합계
학생 수 (명)	5	3	7	9	24

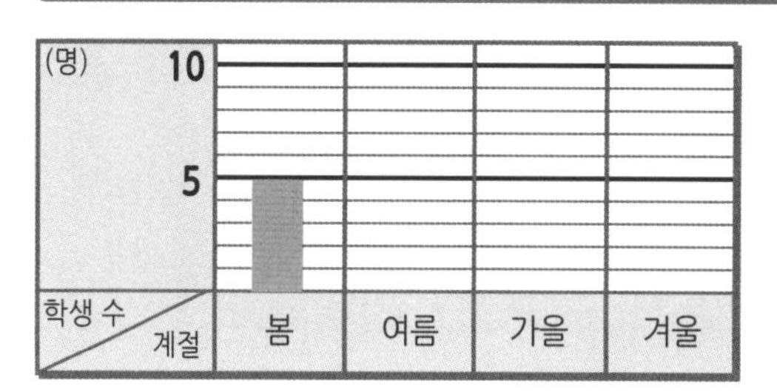

06. 옆반 학생들이 좋아하는 스포츠

스포츠	야구	축구	수영	줄넘기	합계
학생 수 (명)	4	8	3	6	21

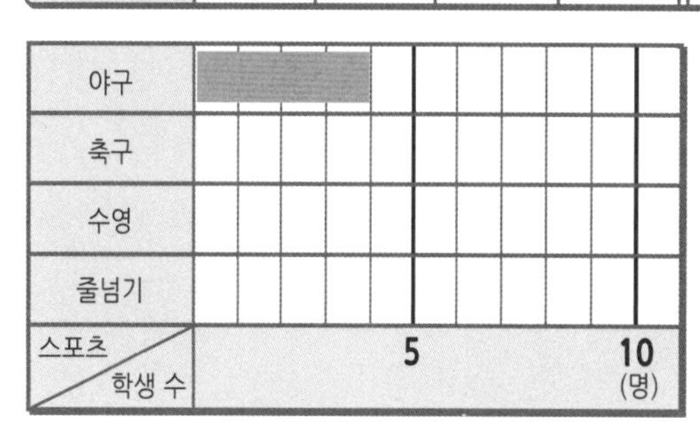

막대그래프로 나타내기

① 가로와 세로 중 어느 쪽으로 수를 나타 낼 것인가 정합니다.

② 눈금 한 칸의 크기를 정하고, 조사한 수의 가장 큰 수를 나타낼 수 있는 조금 더 큰 수를 정해 줄을 긋습니다.

③ 자사한 수에 맞도록 막대를 그립니다.

④ 막대그래프의 제목을 붙입니다.

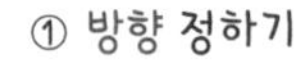

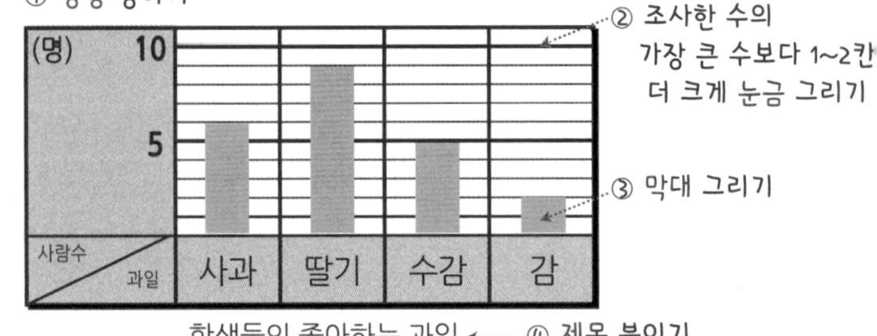

아래의 표를 보고 막대그래프로 완성하고, 물음에 답하세요.

보기1) 좋아하는 색깔을 조사한 표와 막대그래프

색깔	빨강	노랑	파랑	주황	합계
학생 수 (명)	3	6	4	9	22

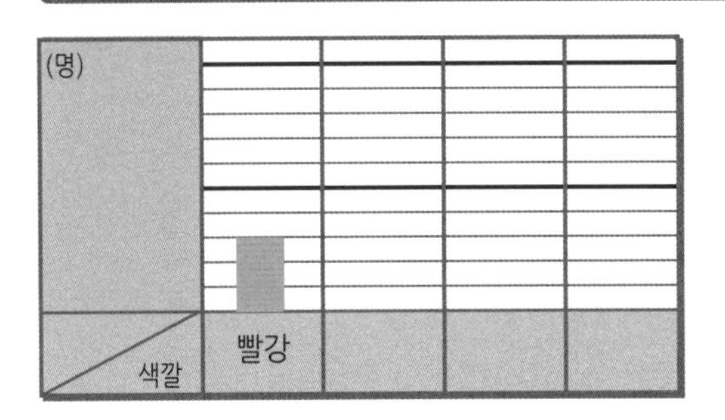

보기2) 학급 회장 투표 결과를 나타낸 표와 막대그래프

이름	대환	윤희	민체	현주	합계
학생 수 (명)	10	5	1	2	18

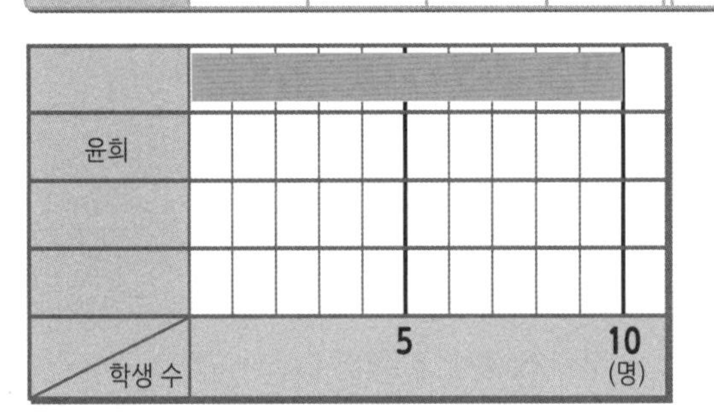

01. 조사한 학생수는 모두 [ ] 명 입니다.

02. 조사한 색깔 중 가장 많이 좋아하는 색은 [ ] 색입니다.

03. 조사한 색깔 중 가장 적게 좋아하는 색은 [ ] 색입니다.

04. 막대그래프에서 1칸은 학생 [ ] 명을 나타내고,

가장 많이 좋아하는 색은 가장 적게 좋아하는 색 보다

[ ] 칸을 더 길게 그려져 있습니다.

05. 투표한 학생수는 모두 [ ] 명 입니다.

06. 학급 회장의 후보는 [ ] 명 입니다.

07. 투표 결과 [ ] 이가 반장이 되었습니다.

08. 이번 학급 회장 선거는 [ ] 명이 후보로 나와 [ ] 명

이 투표하여 [ ] 표를 받은 [ ] 이가 반장이 되었

습니다. 대환이는 [ ] 명에게 표를 받지 못했습니다.

확인 (틀린 문제의 수를 적고, 약한 부분을 보충하세요.)

회차	틀린문제수
91 회	문제
92 회	문제
93 회	문제
94 회	문제
95 회	문제

생각해보기

앞에서 배운 5회차 내용이 모두 이해 되었나요?

1. 모두 이해되고 자신있다. → 다음 회로 넘어 갑니다.

2. 2~3문제 틀릴 수는 있겠지만 거의 이해한다.
   → 개념부분을 한번 더 읽고 다음 회로 넘어 갑니다.

3. 잘 모르는 것 같다.
   → 개념부분과 틀린문제를 한번 더 보고 다음 회로 넘어 갑니다.

틀린 문제가 있었다면 왜 틀렸을거라고 생각합니까?

1. 개념 설명이 어려워서 잘 모르겠다. 2. 다 아는데 실수한 것 같다.

3. 빨리 끝내고 싶어서 집중할 수가 없다. 4. 하기 싫어서....

오답노트 (앞에서 틀린 문제나 기억하고 싶은 문제를 적습니다.)

회 번	
문제	풀이

회 번	
문제	풀이

회 번	
문제	풀이

회 번	
문제	풀이

회 번	
문제	풀이

96 덧셈 연습 (1)

월 일
분 초

15 문제 중 문제 맞았어요

아래 식을 계산하여 값을 적으세요.

01. 135+176=

02. 342+269=

03. 423+277=

04. 158+425=

05. 362+165=

06. 467+274=

07. 256+649=

08. 138+397=

09. 286+257=

10. 198+494=

11. 185+768=

12. 466+379=

13. 527+273=

14. 325+196=

15. 575+268=

97 덧셈 연습 (2)

월 일
분 초

받아올림에 주의하여 계산해 보세요.

01.

	2	5	4
+	3	6	9

02.

	4	4	6
+	3	8	5

03.

	2	8	4
+	1	1	9

04.

	2	5	4
+	4	9	7

05.

	6	6	3
+	1	3	9

06.

	2	4	5
+	6	7	8

07.

	2	8	3
+	2	3	8

08.

	4	8	6
+	3	8	6

09.

	1	0	5
+	5	9	8

10.

	6	5	7
+	1	5	7

11.

	3	6	8
+	1	7	3

12.

	2	3	8
+	4	2	5

13.

	7	4	3
+	1	6	8

14.

	2	4	6
+	5	6	7

15.

	4	8	8
+	4	5	4

이어서 나는 ______ 을(를) 공부/연습할거야!!

98 뺄셈 연습 (1)

아래 식을 계산하여 값을 적으세요.

01. 523−158=

02. 914−128=

03. 355−296=

04. 513−162=

05. 473−286=

06. 642−275=

07. 813−137=

08. 917−529=

09. 825−449=

10. 931−376=

11. 967−378=

12. 746−259=

13. 235−127=

14. 635−297=

15. 814−465=

99 뺄셈 연습 (2)

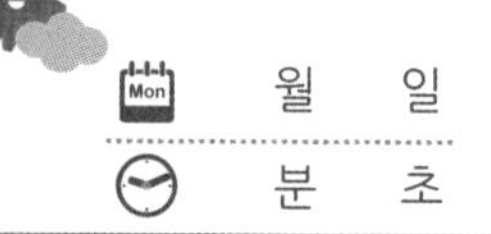

받아올림에 주의하여 계산해 보세요.

01. $\begin{array}{r} 624 \\ -\ 354 \\ \hline \end{array}$

02. $\begin{array}{r} 692 \\ -\ 367 \\ \hline \end{array}$

03. $\begin{array}{r} 741 \\ -\ 569 \\ \hline \end{array}$

04. $\begin{array}{r} 953 \\ -\ 108 \\ \hline \end{array}$

05. $\begin{array}{r} 607 \\ -\ 357 \\ \hline \end{array}$

06. $\begin{array}{r} 977 \\ -\ 889 \\ \hline \end{array}$

07. $\begin{array}{r} 834 \\ -\ 586 \\ \hline \end{array}$

08. $\begin{array}{r} 419 \\ -\ 263 \\ \hline \end{array}$

09. $\begin{array}{r} 836 \\ -\ 452 \\ \hline \end{array}$

10. $\begin{array}{r} 767 \\ -\ 356 \\ \hline \end{array}$

11. $\begin{array}{r} 652 \\ -\ 196 \\ \hline \end{array}$

12. $\begin{array}{r} 524 \\ -\ 365 \\ \hline \end{array}$

13. $\begin{array}{r} 617 \\ -\ 378 \\ \hline \end{array}$

14. $\begin{array}{r} 776 \\ -\ 209 \\ \hline \end{array}$

15. $\begin{array}{r} 413 \\ -\ 154 \\ \hline \end{array}$

100 덧셈과 뺄셈 연습

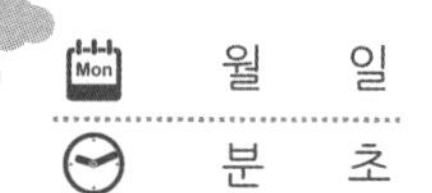

월 일
분 초
10 문제 중 문제 맞

소리내 풀기 아래 식을 계산하여 값을 적으세요.

01. 445−268+367=

02. 726−516+695=

03. 617−263+254=

04. 389−297+638=

05. 709−356+175=

06. 236+592−139=

07. 589+371−406=

08. 376+496−157=

09. 165+428−350=

10. 409+527−219=

확인 (틀린 문제의 수를 적고, 약한 부분을 보충하세요.)

회차	틀린문제수
96 회	문제
97 회	문제
98 회	문제
99 회	문제
100회	문제

생각해보기

앞에서 배운 5회차 내용이 모두 이해 되었나요?

1. 모두 이해되고 자신있다. → 다음 회로 넘어 갑니다.

2. 2~3문제 틀릴 수는 있겠지만 거의 이해한다.
   → 개념부분을 한번 더 읽고 다음 회로 넘어 갑니다.

3. 잘 모르는 것 같다.
   → 개념부분과 틀린문제를 한번 더 보고 다음 회로 넘어 갑니다.

틀린 문제가 있었다면 왜 틀렸을거라고 생각합니까?

1. 개념 설명이 어려워서 잘 모르겠다. 2. 다 아는데 실수한 것 같다.

3. 빨리 끝내고 싶어서 집중할 수가 없다. 4. 하기 싫어서....

오답노트 (앞에서 틀린 문제나 기억하고 싶은 문제를 적습니다.)

회 번

문제	풀이

회 번

문제	풀이

회 번

문제	풀이

회 번

문제	풀이

회 번

문제	풀이

스스로 알아서 하는

하루 10분 수학

계산편

7단계 총정리문제

4학년 1학기 과정 8회분

아래 곱셈의 값을 구하세요.

01. 925×14

02. 385×75

03. 671×83

04. 519×42

05. 164×63

06. 512×27

07. 908×45

08. 332×26

09. 743×59

아래 나눗셈의 몫과 나머지를 구하고, 검산해 보세요.

01. 699÷18= ☐ … ☐

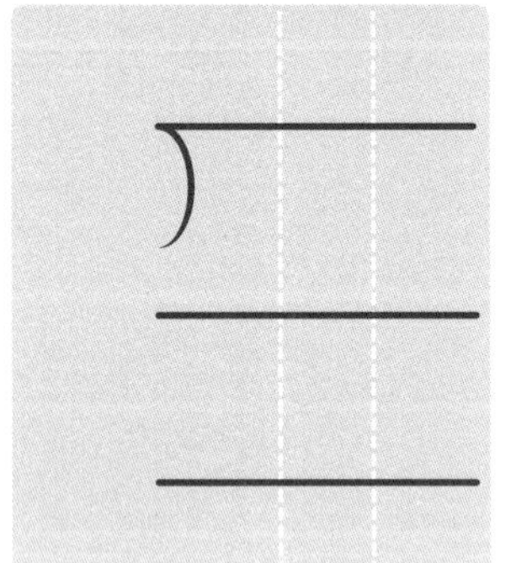

검산)

02. 393÷27= ☐ … ☐

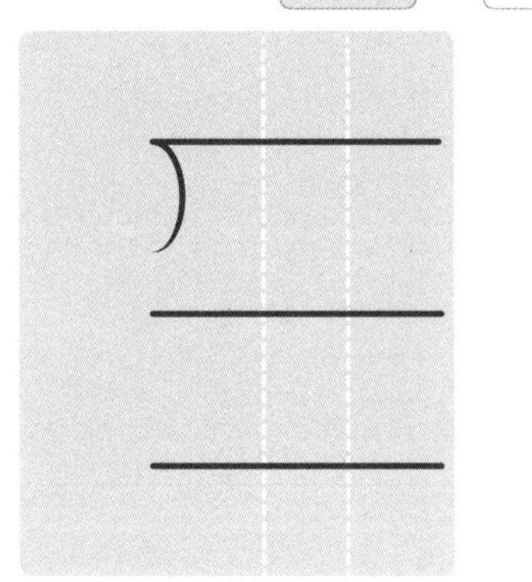

검산)

03. 213÷36= ☐ … ☐

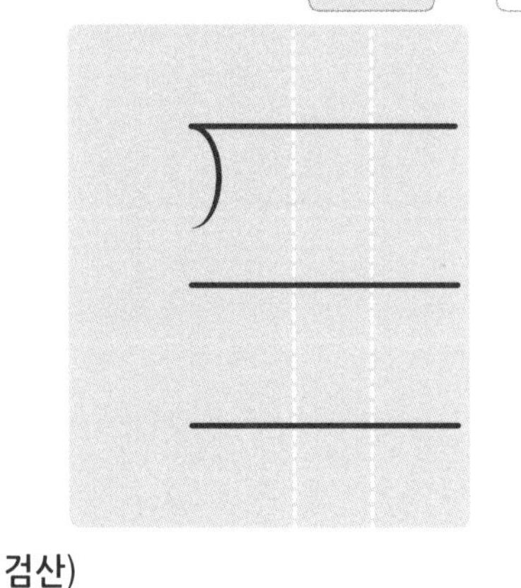

검산)

04. 589÷62= ☐ … ☐

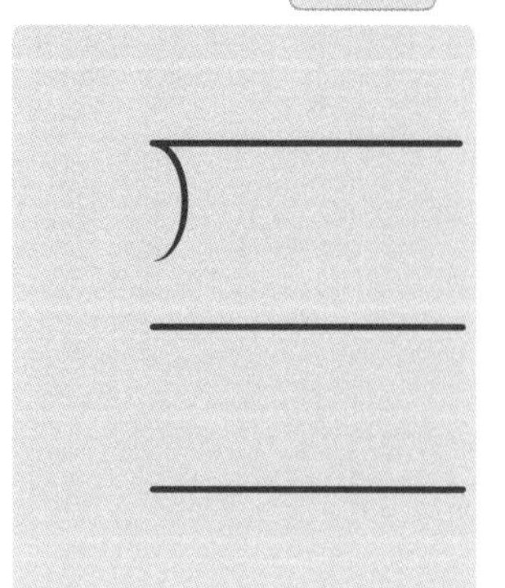

검산)

05. 832÷45= ☐ … ☐

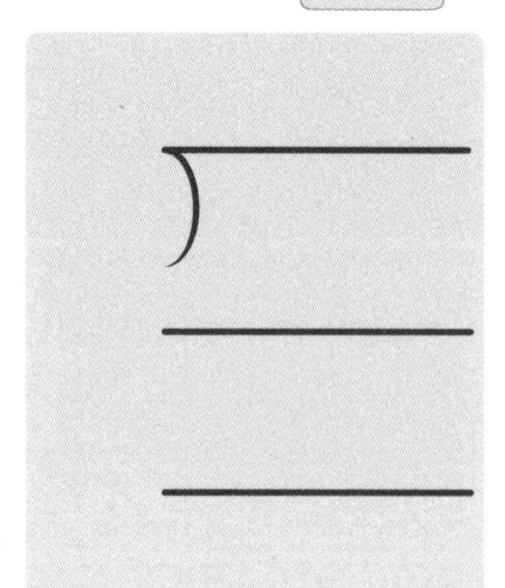

검산)

06. 207÷12= ☐ … ☐

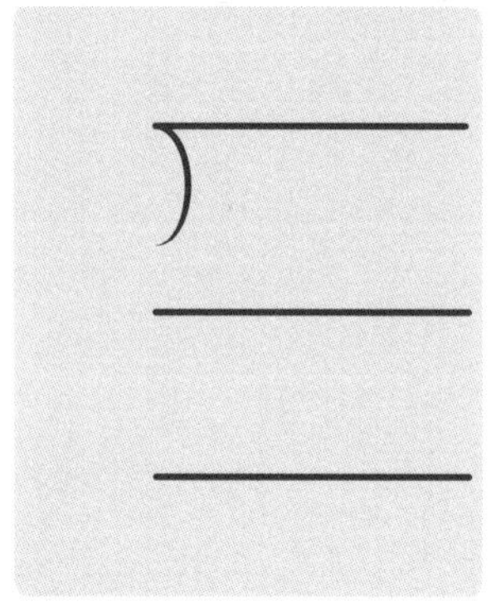

검산)

07. 436÷31= ☐ … ☐

검산)

08. 562÷52= ☐ … ☐

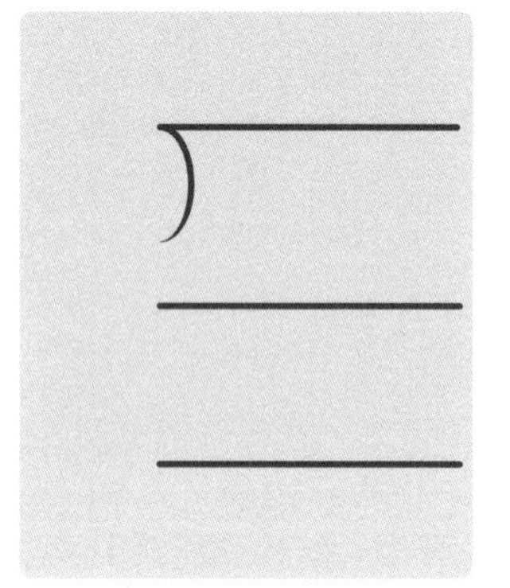

검산)

09. 852÷44= ☐ … ☐

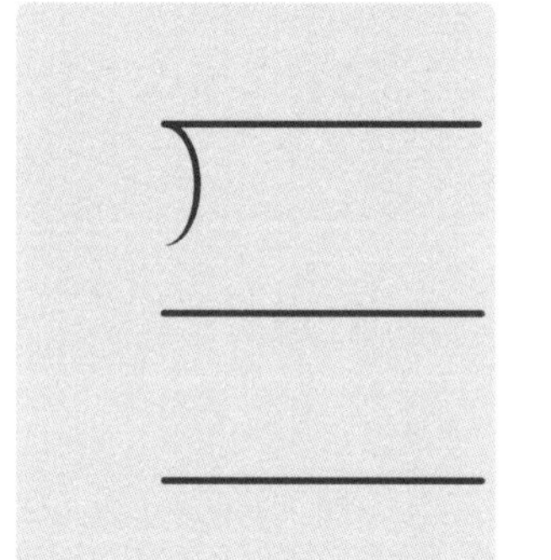

검산)

103 총정리3 (가분수와 대분수)

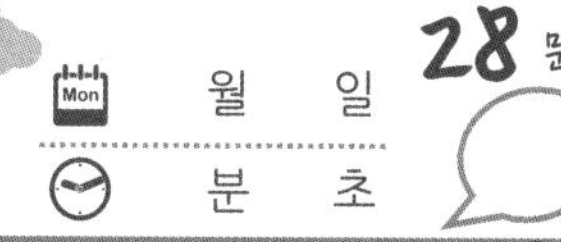

아래는 자연수를 가분수로, 대분수를 가분수가 있는 대분수로 바꾼 것입니다. $\square$에 알맞은 수를 적으세요.

01. $1 = \frac{\square}{3}$

02. $1 = \frac{\square}{5}$

03. $2 = \frac{\square}{4}$

04. $2 = \frac{\square}{9}$

05. $3 = \frac{\square}{6}$

06. $3 = \frac{\square}{10}$

07. $5 = \frac{\square}{7}$

08. $7 = \frac{\square}{6}$

09. $8 = \frac{\square}{9}$

10. $9 = \frac{\square}{11}$

11. $10 = \frac{\square}{10}$

12. $15 = \frac{\square}{4}$

13. $20 = \frac{\square}{9}$

14. $25 = \frac{\square}{6}$

15. $3\frac{1}{2} = 2\frac{\square}{2}$

16. $2\frac{1}{4} = 1\frac{\square}{4}$

17. $1\frac{1}{9} = \frac{\square}{9}$

18. $6\frac{1}{5} = 5\frac{\square}{5}$

19. $4\frac{1}{3} = 3\frac{\square}{3}$

20. $5\frac{1}{7} = 4\frac{\square}{7}$

21. $2\frac{1}{6} = 1\frac{\square}{6}$

22. $7\frac{1}{7} = 6\frac{\square}{7}$

23. $2\frac{1}{3} = 1\frac{\square}{3}$

24. $1\frac{1}{5} = \frac{\square}{5}$

25. $3\frac{1}{6} = 2\frac{\square}{6}$

26. $9\frac{1}{4} = 8\frac{\square}{4}$

27. $8\frac{1}{9} = 7\frac{\square}{9}$

28. $5\frac{1}{8} = 4\frac{\square}{8}$

※ 대분수는 자연수와 진분수로 이루어 진 분수입니다. 15~28번 문제에서 바꾼 분수는 대분수가 아닙니다. (참고만 하세요^^)

이어서 나는 (　　　) 을(를) 공부/연습할거야!!

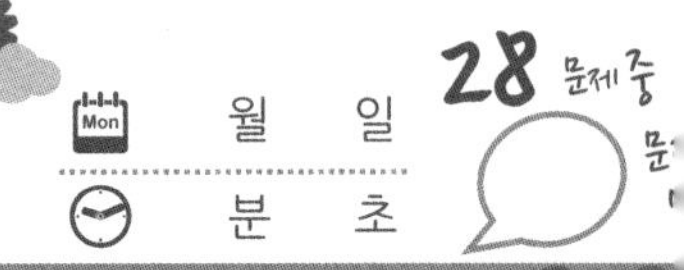

대분수는 가분수로, 가분수는 대분수로 바꾸세요.

01. $1\frac{1}{3}=\frac{\square}{3}$

02. $1\frac{3}{5}=\frac{\square}{5}$

03. $2\frac{2}{4}=\frac{\square}{4}$

04. $2\frac{5}{9}=\frac{\square}{9}$

05. $3\frac{1}{6}=\frac{\square}{6}$

06. $3\frac{7}{10}=\frac{\square}{10}$

07. $5\frac{6}{7}=\frac{\square}{7}$

08. $7\frac{2}{6}=\frac{\square}{6}$

09. $8\frac{5}{9}=\frac{\square}{9}$

10. $9\frac{3}{11}=\frac{\square}{11}$

11. $10\frac{7}{10}=\frac{\square}{10}$

12. $15\frac{1}{4}=\frac{\square}{4}$

13. $20\frac{8}{9}=\frac{\square}{9}$

14. $25\frac{3}{6}=\frac{\square}{6}$

15. $\frac{5}{2}=\square\frac{\square}{2}$

16. $\frac{17}{4}=\square\frac{\square}{4}$

17. $\frac{30}{9}=\square\frac{\square}{9}$

18. $\frac{6}{5}=\square\frac{\square}{5}$

19. $\frac{25}{3}=\square\frac{\square}{3}$

20. $\frac{43}{7}=\square\frac{\square}{7}$

21. $\frac{19}{6}=\square\frac{\square}{6}$

22. $\frac{9}{7}=\square\frac{\square}{7}$

23. $\frac{29}{3}=\square\frac{\square}{3}$

24. $\frac{37}{5}=\square\frac{\square}{5}$

25. $\frac{16}{6}=\square\frac{\square}{6}$

26. $\frac{59}{4}=\square\frac{\square}{4}$

27. $\frac{98}{9}=\square\frac{\square}{9}$

28. $\frac{103}{8}=\square\frac{\square}{8}$

이어서 나는 ☐ 을(를) 공부/연습할거야!!

105 총정리4(대분수의 덧셈)

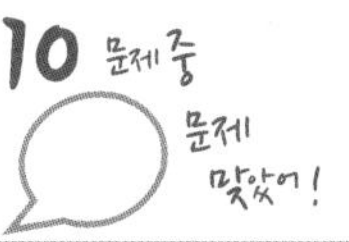

소리내 풀기 자연수끼리, 분자끼리 더하는 방법으로 풀어보세요.

01. $2\frac{3}{6}+1\frac{5}{6}=(\quad+\quad)+\frac{\square+\square}{\square}=\square\frac{\square}{\square}$

$=\square\frac{\square}{\square}$

02. $3\frac{4}{5}+2\frac{3}{5}=$

03. $\frac{5}{7}+1\frac{2}{7}=$

04. $3\frac{3}{4}+\frac{2}{4}=$

05. $2\frac{5}{8}+7\frac{3}{8}=$

소리내 풀기 가분수로 바꾸어 더하는 방법으로 풀어보세요.

06. $2\frac{5}{7}+1\frac{3}{7}=\frac{\square}{\square}+\frac{\square}{\square}$

$=\frac{\square+\square}{7}=\square=\square$

07. $1\frac{1}{3}+2\frac{2}{3}=$

08. $5\frac{2}{6}+\frac{5}{6}=$

09. $2\frac{2}{5}+\frac{4}{5}=$

10. $6\frac{7}{9}+3\frac{8}{9}=$

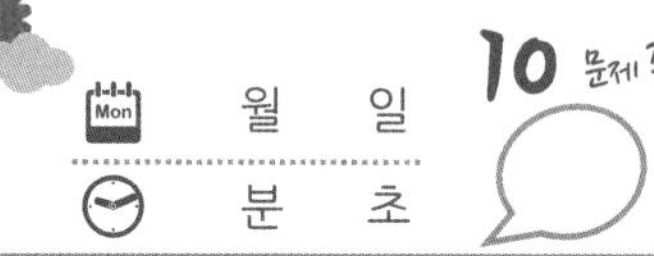

106 총정리6 (대분수의 뺄셈)

월 일
분 초

10 문제 중 문

소리내 풀기 자연수에서 1을 내려 가분수로 만들어 계산하세요.

01. $3\frac{1}{7}-1\frac{5}{7}=\square\frac{\square}{\square}-1\frac{5}{7}=\square\frac{\square}{\square}$

02. $3\frac{2}{6}-1\frac{4}{6}=$

03. $5\frac{1}{4}-1\frac{3}{4}=$

04. $1\frac{5}{8}-\frac{6}{8}=$

05. $4\frac{2}{5}-2\frac{4}{5}=$

소리내 풀기 모두 가분수로 바꾸어 빼는 방법으로 풀어보세요.

06. $3\frac{1}{7}-\frac{3}{7}=\frac{\square}{\square}-\frac{\square}{\square}$
$=\frac{\square-\square}{7}=\square=\square$

07. $3\frac{1}{3}-2\frac{2}{3}=$

08. $5\frac{5}{12}-\frac{9}{12}=$

09. $4\frac{12}{21}-1\frac{20}{21}=$

10. $2\frac{6}{34}-\frac{18}{34}=$

이어서 나는 (   )을(를) 공부/연습할거야!!

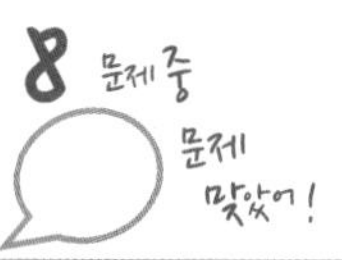

계산 순서를 잘 생각해서, 아래 문제를 풀어보세요.

01. $50 - 7 \times 5 + 15 =$

02. $100 - 30 \div 6 \times 7 + 23 =$

03. $19 + 360 \div 2 - 990 \div 10 =$

04. $49 \div 7 \times 5 - 4 \times 12 \div 6 =$

05. $60 - \{ (12 + 3) \times 2 + 1 \} =$

06. $2 \times 5 + 30 \div \{ 6 \times (4 + 1) \} - 6 =$

07. $\{ 100 - (17 + 8) \times 3 \} \div 5 \times 3 =$

08. $7 + 8 + \{ 900 - (39 \div 13) \} - 16 =$

108 총정리8(혼합계산의 순서)

월 일
분 초

8 문제 중 문제 맞았

계산 순서를 잘 생각해서, 아래 문제를 풀어보세요.

01. $12 \times \{(13 + 7) \div 4 - 3\} + 6 =$

02. $80 - \{72 \div (3 + 5) - 2\} \times 7 =$

03. $29 + \{107 - (79 + 19)\} \div 3 =$

04. $\{14 - (6 + 3 \times 7) \div 9\} \times 3 =$

05. $(42 \div 7) + 6 \times (13 - 8) =$

06. $\{(100 - 40) + (8 \times 5)\} \div 4 =$

07. $35 \div \{(23 - 3) \div (16 \div 4)\} + 3 =$

08. $(18 + 15) \div \{3 \times (64 \div 8 + 3)\} =$

스스로 알아서 하는

하루 10분 수학

계산편

가능한 학생이 직접 채점합니다.

틀린문제는 다시 풀고 확인하도록 합니다.

문의 : WWW.OBOOK.KR (고객센타 : 031-447-5009)

7단계 정답지

4학년 1학기 수준

01회(12p)

01 1, 10000, 만 02 10, 10000, 만 03 1000, 2000

04 1000, 2000 05 3050, 200 06 30000, 삼만

07 80000, 팔만 08 40000 09 50000, 70000

10 6, 9

오늘부터 하루10분수학을 꾸준히 정한 시간에 하도록 합니다.
위의 설명을 꼼꼼히 읽고, 그 방법대로 천천히 풀어봅니다.
빨리 푸는 것보다는 정확히 풀도록 노력하세요!!!
틀린 문제나 중요한 문제는 책에 색연필로 표시하고,
오답노트를 작성하거나 5회가 끝나면 다시 보도록 합니다.

02회(13p)

01 8, 7, 6, 5, 2, 팔만 칠천육백오십이

02 63925, 육만 삼천구백이십오

03 7,3,2,0,6 04 만, 20000 05 만, 50000, 백, 500

06 일의 자리수, 만의 자리수

03회(14p)

01 100000, 10, (일)십만 02 1000000, 100, 백만

03 10000000, 1000, 천만 04 10, 100 05 10, 1000

06 57, 570000, 오십칠만

07 5167, 51670000, 오천백육십칠만

08 364, 삼백육십사만 이천오백칠

09 264162, 이십육만 사천백육십이

04회(15p)

01 2000000000, 20억, 이십억

02 20000000000, 200억, 이백억

03 200000000000, 2000억, 이천억

04 10, 100 05 10, 1000

06 876500000000, 8765, 팔천칠백육십오억

07 876510730000, 팔천칠백육십오억 천칠십삼만

08 372, 6547, 삼백칠십이억, 육천오백사십칠만

09 백억, 30000000000

05회(16p)

01 40000000000000, 40조, 사십조

02 400000000000000, 400조, 사백조

03 4000000000000000, 4000조, 사천조

04 10, 100 05 10, 1000

06 7607000000000000, 7607, 칠천육백칠조

07 3718000020950000, 삼천칠백십팔조 이천구십오

08 26, 8372, 이십육조 팔천삼백칠십이억

09 십조, 90000000000000

5회가 끝났습니다. 앞에서 말한 대로 확인페이지를 잘 적고,
개념 부분과 내가 잘 틀리는 것을 꼭 확인해 봅니다.

06회(18p)

01 5십,5백,5천,5만 02 70만, 700만, 7000만, 7억

03 90억,900억,9000억,9조 04 300, 3만, 300만, 3억

05 400만,4억,400억,4조 06 3000, 300, 30, 3

07 6억,6000만,600만,60만 08 90조,9조,9000억,900

09 2억,200만,2만,200 10 1000억,10억,1000만,10만

기준이 되는 수를 적어놓고,
0을 더 붙여주거나, 지워주면 쉽게 구할 수 있습니다.

07회(19p)

01 6억,11억,16억,21억 02 17억,27억,37억,47억

03 113조, 133조, 153조, 173조 04 3268조, 3271조, 327

05 3037조,3087조,3137조 06 25만,20만,15만,10만

07 585억, 570억, 555억, 540억

08 725조, 700조, 675조, 650조

09 501조, 251만, 1만　　10 1400조, 700조, 0

08회(20p)

01 52375 (천, 2>1)　　02 62억 (7<10)

03 3613조 (천조, 3>2)　04 2573억 (천억, 2>1)

05 9876만 (십만, 7>1)　06 1조 (12<13)

07 9613억 (천억, 7<9)　08 9999조 (16>12)

09 5103만 (백만, 0<1)　10 362억 (11>10)

11 2717조 (16>12)

09회(21p)

01 이천백오십사, 천오백십육만 ,
삼천팔십육억, 이천오백칠조,
이천오백칠조 삼천팔십육억 천오백십육만 이천백오십사

02 11, 4500000, 3200000000, 2000000000000
2 0032 0450 0011

03 5108,300,6000,58　　5108 0300 6000 0058

04 ① 235조, 234조　　② 30조, 999억
③ 726조, 918만　　④ 873조, 781조

05 ① 4020조, 4060조　　② 9999만, 1억
③ 6732억, 8732억　　④ 4992만, 5002만
⑤ 7999조, 8000조

10회(22p)

01 3807600000,8306700000,83,670,
8306700000 답) 8306700000

02 30000, 27000, 15600, 72600　　답) 72600원

03 3, 51500000, 51500000000, 515억　　답) 515억

생각문제의 마지막 04번은 내가 만드는 문제입니다.
내가 친구나 동생에게 문제를 낸다면 어떤 문제를 낼지 생각해서 만들어 보세요.
다 만들고, 풀어서 답을 적은 후 부모님이나 선생님에게 잘 만들었는지 물어보거나, 자랑해 보세요^^

11회(24p)

01 700, 7000, 70000　02 500, 5000, 50000

03 800, 8000, 80000　04 8, 80, 800, 8000

05 9, 900, 9000, 90000　06 18,1800,18000,180000

07 42,420,42000,420000　08 30,3000,30000,300000

09 40,4000,40000,400000

12회(25p)

01 24,2400,24000,2400000

02 35,3500,350000,35000000

03 72,720000,720000,720000

04 14000　05 150000　06 48000000　07 8000

08 54000000　09 40000000　10 280000

13회(26p)

01 42720　02 64750　03 41670　04 246,2460

05 1380,13800　06 3234　07 2172　08 3570

09 19020　10 10180　11 18040

14회(27p)

01 52500　02 17950　03 39690　04 645, 6450

05 1232,12320　06 968　07 3115　08 8280

09 9360　10 16240　11 32220　12 16000　13 70200

15회(28p)

01 50, 217, ×, 50×217, 10850 식)50×217 답)10850

02 40,365,×,40×365,14600 식) 40×365 답) 14600

03 1개의 책장에 들어가는 책 수 = 465, 책장 수 = 60개

전체 책 수 = 책장 1개에 들어가는 책 수 × 책장 수이므로

식은 465×60이고, 답은 27900권입니다.

식) 465×60 답) 27900권

16회(30p)

01 13201　02 28210　03 1326,11050,12376

04 2068,10340,12408　05 1064,1330,14364

06 1510,3020,31710　07 3776,28320,32096

17회(31p)

01 71246　02 35964　03 3222,10740,13962

04 2688,44800,47488　05 3240,648,9720

06 618,2781,28428　07 2313,1285,15163

08 20856　09 12144　10 9035

18회(32p)

01 88288　02 2754,5508,57834

03 1707,1707,18777　04 6744,4215,48894

05 1344,1568,17024　06 10140

07 23046　08 19838

19회(33p)

01 5859　02 7305　03 60306　04 23606

05 16124　06 40979　07 8478　08 58194　09 20041

20회(34p)

01 197,35,×,197×35,6895 식) 197×35 답) 6895

02 125,24,×,125×24,3000 식) 125×24 답) 3000

03 초등학교 수 = 267, 1학교당 컴퓨터 수 = 16대

전체 컴퓨터 수 = 초등학교 수 × 1학교당 컴퓨터수이므

식은 267×16이고, 답은 4272대입니다.

식) 267×16 답) 4272대

생각문제와 같이 글로된 문제를 풀때는 꼼꼼히 중요한 것을 적
깨끗이 순서대로 적으면서 푸는 연습을 합니다.
수학은 느낌으로 문제를 푸는 것이 아니라,
원리를 이용하여 차근차근 생각하면서 푸는 과목입니다.

21회(36p)

01 4700　02 21360　03 12060

04 41109　05 17762　06 24384

07 15246　08 11446　09 26847

22회(37p)

01 8260　02 28861　03 10833

04 38178　05 23560　06 6194

07 27115　08 22242　09 19720

23회(38p)

01 20310　02 17917　03 5424

04 6032　05 18122　06 16968

07 23532　08 54288　09 38056

24회(39p)

01 23,450,×,23×450,10350 식) 23×450 답) 1035

02 150,4,28,×,150×28,4200 식) 150×28 답) 420

03 좌석 수 = 410, KTX 대수 = 24대

전체 좌석 수 = 1대당 좌석수 × KTX대수 이므로

식은 410×24이고, 답은 9840개(명)입니다.

식) 410×24 답) 9840명

25회(40p)

01 365,11,×,365×11,4015 식) 365×11 답) 4015

02 130,15,×,130×15,1950 식) 130×15 답) 1950

03 입장료 = 750, 우리반 학생수 = 28명

전체 입장료 = 1명당 입장료 × 우리반 학생수 이므로

식은 750×28이고, 답은 21000원입니다.

식) 750×28 답) 21000원

※ 5회가 끝나면 나오는 확인페이지 잘하고 있나요?
공부는 누가 더 복습을 잘하는 가에 실력이 달라집니다.

26회(42p)

01 4,4 02 3,3 03 5,5 04 3,3

05 2,20×2=40 06 7, 80×7=560

07 9, 90×9=810 08 7, 70×7=490

27회(43p)

01 2,2 02 2,2 03 2,2 04 4,4 05 8,8

06 4,10×4=40 07 8,50×8=400 08 9,60×9=540

09 8,30×8=240 10 9,40×9=360 11 5,90×5=450

28회(44p)

01 40,60,80, 4,14,4,14 02 150,180,210, 7,21,7,21

03 2,16,2,16 04 4,15,4,15

05 6,23,6,23 06 6,21,6,21

29회(45p)

01 30,60,90, 2,3,2,3 02 320,400,480, 5,54,5,54

03 420,480,540, 8,23,8,23 04 2,5, 20×2+5=45

05 5,17, 30×5+17=167 06 4,12, 90×4+12=372

07 9,15, 50×9+15=465 08 8,63, 90×8+63=783

09 7,43, 70×7+43=533

30회(46p)

01 280,40,÷,280÷40,7 식) 280÷40 답) 7

02 160,20,÷,160÷20,8 식) 160÷20 답) 8

03 전체쪽수 = 490, 하루에 읽는 쪽수 = 70

걸리는 일 = 전체쪽수 ÷ 하루에 읽는 쪽수 이므로

식은 490÷70이고, 답은 7일입니다.

식) 490÷70 답) 7일

※ 04번 내가 만드는 문제도 잘 하고 있지요? 좋은 문제를
만들 수 있다는 건 확실히 이해하고 있다는 것입니다.
곰곰이 생각해서 문제를 만들어 풀어 봅니다.

31회(48p)

01 32,48,64,3,3 02 64,96,128,3,3

03 4,4 04 5,5 05 4,4 06 2,2

32회(49p)

01 69,92,115, 4, 4 02 36,72,108, 2, 2

03 70,84,98, 6, 6

04 2, 36×2=72 05 4, 15×4=60 06 2, 27×2=54

07 2, 38×2=76 08 5, 19×5=95 09 2, 46×2=92

33회(50p)

01 54,72,90, 4,11, 4,11 02 52,78,104, 3,13, 3,13

03 2,12,2,12 04 4,7,4,7 05 5,8,5,8 06 3,16,3,16

34회(51p)

01 34,68,102, 2,12,2,12 02 46,69,92, 3,15,3,15

03 68,85,102, 5,8,5,8 04 1,29, 56×1+29=85

05 6,9, 15×6+9=99 06 2,3, 42×2+3=87

07 2,3, 38×2+3=79 08 5,3, 19×5+3=98

09 3,4, 21×3+4=67

35회(52p)

01 90,15,÷,90÷15,6 식) 90÷15 답) 6

02 80,16,÷,80÷16,5 식) 80÷16 답) 5

03 전체 노트북 수 = 84, 초등학교 수 = 28

1학교당 노트북 수 = 전체 수 ÷ 학교 수 이므로

식은 84÷28이고, 답은 3대입니다.

식) 84÷28 답) 3대

※ 이제 3자리수를 나누는 것은 어떤 문제도 풀 수 있습니다.

36회(54p)

01 108,144,180, 4,21, 4,21

02 175,200,225, 8,12, 8,12

03 4,13, 4,13

04 3,33, 3,33

05 7,18, 7,18

06 8,20, 8,20

37회(55p)

01 108,135,162, 5, 9, 5, 9

02 210,245,280, 7,15, 7,15

03 80, 96,112, 6,12, 6,12

04 3,22, 42×3+22=148

05 5,32, 69×5+32=377

06 9,42, 73×9+42=699

07 6,15, 21×6+15=141

08 7,27, 36×7+27=279

09 6,16, 29×6+16=190

38회(56p)

01 12, 6, 12, 6 (12, 16, 38,32, 6)

02 21,12, 21,12 (21, 48, 36,24, 12)

03 33,11, 33,11 (33, 54, 65,54, 11)

04 13,25, 13,25 (13, 35, 130,105, 25)

05 12,13, 12,13 (12, 42, 97,84, 13)

06 21,26, 21,26 (21, 72, 62,36, 26)

39회(57p)

01 23, 12, 17×23+12=403

02 16, 20, 26×16+20=436

03 25, 17, 32×25+17=817

04 12, 31, 65×12+31=811

05 21, 12, 41×21+12=873

06 13, 53, 72×13+53=989

07 17, 27, 53×17+27=928

08 15, 16, 38×15+16=586

09 16, 15, 29×16+15=479

40회(58p)

01 32, 9, 23×32+ 9=745

02 29, 12, 16×29+12=476

03 21, 7, 45×21+ 7=952

04 12, 16, 54×12+16=664

05 21, 27, 36×21+27=783

06 13, 15, 27×13+15=366

07 12, 33, 63×12+33=789

08 26, 15, 19×26+15=509

09 17, 13, 38×17+13=659

41회(60p)

01 11…15 02 29… 8 03 15… 9

04 16… 2 05 15…27 06 23…28

07 25…11 08 27… 9 09 20…27

42회(61p)

01 1…48 02 12… 1 03 20…11

04 13… 5 05 6… 8 06 14…31

07 32… 7 08 19…14 09 10…82

43회(62p)

01 22…17 02 49…12 03 14…41
04 8…24 05 15…23 06 38…10
07 7… 3 08 10…34 09 21…22

44회(63p)

01 150,11,÷,150÷11,13 식) 150÷11의 몫 답) 13

02 290,24,÷,290÷24,2 식) 290÷24의 나머지 답) 2

03 전체 색종이 수 = 321, 종이자전거1대 색종이 수 = 17
만들 수 있는 수 = 전체 수 ÷ 1대 색종이 수의 **몫**이므로
식은 321÷17의 **몫**이고, 답은 18개입니다.
식) 321÷17 답) 18개

45회(64p)

01 364,24,÷,364÷24,1 식) 364÷24의 몫+1 답) 16

02 200,12,÷,200÷12,17 식) 200÷12의 몫+1 답) 17

03 수학책 쪽수 = 156, 하루에 보는 쪽수 = 25
공부하는 일 수 = 전체 쪽수 ÷ 하루에 보는 쪽수의 **몫+1**
이므로 식은 **156÷25의 몫+1**이고, 답은 7일입니다.
식) 156÷25의 몫 + 1 답) 7일

46회(66p)

01 19, 4579 02 17, 2193 03 26, 16380
04 24, 5352 05 28, 8876 06 22, 10626

47회(67p)

01 15, 3390 02 28, 16072 03 16, 1808
04 34, 13770 05 28, 10360 06 33, 8811

48회(68p)

01 26, 5798 02 37, 7215 03 24, 13488
04 23, 14467 05 18, 8370 06 17, 3281

49회(69p)

01 31, 14911 02 26, 3510 03 36, 18972
04 20, 8020 05 39, 12012 06 37, 10656

50회(70p)

01 38, 26448 02 23, 47541 03 37, 22607
04 22, 14432 05 29, 17632 06 24, 66600

이제 3자리수의 나눗셈은 자신있게 풀어보세요.
완벽 할 거에요!!! 그래도 실수하지 않도록 항상 조심!!!

51회(71p)

01 각도, 1도 02 큰각 03 90°, 예각, 둔각
04 꼭짓점 05 60°, 예각 06 130°, 둔각
07 30°, 예각 08 100°, 둔각

예(銳) : 날카롭다. 빠르다. 민첩하다. 작다. (작으면 예리하다.)
둔(鈍) : 둔하다. 무디다. 미련하다. 굼뜨다. (뚱뚱하면 둔하다.)

52회(72p)

01 90° 02 130° 03 40° 04 141°
05 50° 06 60° 07 47° 08 29°

53회(73p)

01 60°

02 55°, □+90°+35°=180°, □=180°−90°−35°

03 45°, □+45°+90°=180°, □=180°−45°−90°

04 105°, □+30°+45°=180°, □=180°−30°−45°

05 37°, □+96°+47°=180°, □=180°−96°−47°

06 45°, □+58°+77°=180°, □=180°−58°−77°

54회(74p)

01 90°

02 135°, □+45°+90°+90°=360°, □=360°−45°−90°−90°

⑬ 100°, □+45°+125°+90°=360°, □=360°−45°−125°−90°

⑭ 105°, □+115°+75°+65°=360°, □=360°−115°−75°−65°

⑮ 55°, □+105°+55°+145°=360°, □=360°−105°−55°−145°

⑯ 100°, □+115+55°+90°=360°, □=360°−115°−55°−90°

55회(76p)

01 예각, 둔각, 직각 02 이등변, 정 03 예각

04 예각삼각형, 이등변삼각형 05 둔각삼각형, 이등변삼각형

06 예각삼각형, 정삼각형(이등변) 07 직각삼각형, 이등변삼각형

56회(78p)

01 3 (1×3) 02 4 (1×4) 03 10 (2×5)

04 12 (3×4) 05 20 (4×5)

06 7, 7, 1 07 14, 7, 2 08 12, 6, 2

09 24, 8, 3 10 72, 9, 8

57회(79p)

01 $\frac{5}{3}$, $1\frac{2}{3}$ 02 $\frac{7}{4}$, $1\frac{3}{4}$ 03 $\frac{6}{5}$, $1\frac{1}{5}$

04 $\frac{11}{4}$, $2\frac{3}{4}$ 05 $\frac{15}{5}$, 3

06 1, $\frac{3}{3}$, $\frac{5}{3}$ 07 2, $\frac{4}{2}$, $\frac{5}{2}$

08 $\frac{2}{2}+\frac{1}{2}=1+\frac{1}{2}=1\frac{1}{2}$

09 $\frac{6}{3}+\frac{2}{3}=2+\frac{2}{3}=2\frac{2}{3}$

10 $\frac{10}{5}+\frac{2}{5}=2+\frac{2}{5}=2\frac{2}{5}$

58회(80p)

01 $\frac{1+2}{4}=\frac{3}{4}$ 02 $\frac{1+1}{3}=\frac{2}{3}$

03 $\frac{2+3}{6}=\frac{5}{6}$ 04 $\frac{3+4}{8}=\frac{7}{8}$

05 $\frac{3+2}{4}=\frac{5}{4}=1\frac{1}{4}$ 06 $\frac{2+2}{3}=\frac{4}{3}=1\frac{1}{3}$

07 $\frac{4+5}{6}=\frac{9}{6}=1\frac{3}{6}$ 08 $\frac{5+4}{8}=\frac{9}{8}=1\frac{1}{8}$

59회(81p)

01 $=(1+2)+\frac{1+2}{4}=3\frac{3}{4}$

02 $=(2+2)+\frac{3+1}{5}=4\frac{4}{5}$

03 $=(3+1)+\frac{1+2}{6}=4\frac{3}{6}$

04 $=(1+2)+\frac{4+3}{5}=3\frac{7}{5}=4\frac{2}{5}$

05 $=(1+3)+\frac{3+5}{6}=4\frac{8}{6}=5\frac{2}{6}$

06 $=(3+4)+\frac{7+8}{9}=7\frac{15}{9}=8\frac{6}{9}$

60회(82p)

01 $=(3+1)+\frac{1+2}{5}=4\frac{3}{5}$

02 $=(1+0)+\frac{3+2}{7}=1\frac{5}{7}$

03 $=(5+3)+\frac{4+2}{9}=8\frac{6}{9}$

04 $=(4+2)+\frac{2+2}{6}=6\frac{4}{6}$

05 $=(3+2)+\frac{5+2}{8}=5\frac{7}{8}$

06 $=(2+4)+\frac{3+3}{5}=6\frac{6}{5}=7\frac{1}{5}$

07 $=(3+0)+\frac{5+4}{6}=3\frac{9}{6}=4\frac{3}{6}$

08 $=(6+1)+\frac{5+8}{9}=7\frac{13}{9}=8\frac{4}{9}$

09 $=(4+2)+\frac{2+6}{7}=6\frac{8}{7}=7\frac{1}{7}$

10 $=(5+1)+\frac{2+2}{4}=6\frac{4}{4}=7$

61회(84p)

01 $= (1+2)+\frac{5+3}{6} = 3\frac{8}{6} = 4\frac{2}{6}$

02 $= (3+1)+\frac{2+4}{5} = 4\frac{6}{5} = 5\frac{1}{5}$

03 $= (2+5)+\frac{6+4}{7} = 7\frac{10}{7} = 8\frac{3}{7}$

04 $= (1+3)+\frac{3+3}{4} = 4\frac{6}{4} = 5\frac{2}{4}$

05 $= \frac{11}{6}+\frac{15}{6} = \frac{11+15}{6} = \frac{26}{6} = 4\frac{2}{6}$

06 $= \frac{17}{5}+\frac{9}{5} = \frac{17+9}{5} = \frac{26}{5} = 5\frac{1}{5}$

07 $= \frac{20}{7}+\frac{39}{7} = \frac{20+39}{7} = \frac{59}{7} = 8\frac{3}{7}$

08 $= \frac{7}{4}+\frac{15}{4} = \frac{7+15}{4} = \frac{22}{4} = 5\frac{2}{4}$

62회(85p)

01 $= (2+1)+\frac{3+5}{6} = 3\frac{8}{6} = 4\frac{2}{6}$

02 $= (3+2)+\frac{4+3}{5} = 5\frac{7}{5} = 6\frac{2}{5}$

03 $= (0+1)+\frac{5+2}{7} = 1\frac{7}{7} = 2$

04 $= (3+0)+\frac{3+2}{4} = 3\frac{5}{4} = 4\frac{1}{4}$

05 $= (2+7)+\frac{5+3}{8} = 9\frac{8}{8} = 10$

06 $= \frac{19}{7}+\frac{10}{7} = \frac{19+10}{7} = \frac{29}{7} = 4\frac{1}{7}$

07 $= \frac{4}{3}+\frac{8}{3} = \frac{4+8}{3} = \frac{12}{3} = 4$

08 $= \frac{32}{6}+\frac{5}{6} = \frac{32+5}{6} = \frac{37}{6} = 6\frac{1}{6}$

09 $= \frac{12}{5}+\frac{4}{5} = \frac{12+4}{5} = \frac{16}{5} = 3\frac{1}{5}$

10 $= \frac{61}{9}+\frac{35}{9} = \frac{61+35}{9} = \frac{96}{9} = 10\frac{6}{9}$

※ 틀리는 문제가 계속 있다면 가분수와 대분수를 바꾸는 연습이 필요합니다. 이 책의 제일 끝 연습문제를 풀어보세요.

63회(86p)

01 $4\frac{2}{5}$　02 $5\frac{6}{9}$　03 $4\frac{2}{7}$

04 $3\frac{3}{6}$　05 $8\frac{2}{4}$　06 $3\frac{4}{8}$

07 $10\frac{2}{10}$　08 4　09 $3\frac{13}{23}$

64회(87p)

01 $5\frac{3}{6}$　02 $4\frac{2}{4}$　03 $6\frac{2}{7}$　04 4

05 $3\frac{6}{9}$　06 $12\frac{1}{5}$　07 $2\frac{4}{12}$　08 $6\frac{6}{19}$

65회(88p)

01 $2\frac{2}{3}$, $1\frac{1}{3}$, +, 식 $2\frac{2}{3}+1\frac{1}{3}$, 답 4 통

02 $1\frac{4}{5}$, $1\frac{4}{5}$, +, 식 $1\frac{4}{5}+1\frac{4}{5}$, 답 $3\frac{3}{5}$ km

03 고구마의 무게 = $1\frac{1}{6}$, 감자의 무게 = $3\frac{4}{6}$

봉투의 무게 = 고구마의 무게 + 감자의 무게 이므로

식은 $1\frac{1}{6}+3\frac{4}{6}$(식) 이고, 답은 $4\frac{5}{6}$ kg(답)입니다.

66회(90p)

01 $\frac{3-2}{4} = \frac{1}{4}$　02 $\frac{2-1}{3} = \frac{1}{3}$

03 $\frac{5-3}{6} = \frac{2}{6}$　04 $\frac{7-5}{8} = \frac{2}{8}$

05 $= \frac{4}{4}-\frac{1}{4} = \frac{4-1}{4} = \frac{3}{4}$　06 $= \frac{3}{3}-\frac{2}{3} = \frac{3-2}{3} = \frac{1}{3}$

07 $= \frac{6}{6}-\frac{5}{6} = \frac{6-5}{6} = \frac{1}{6}$　08 $= \frac{8}{8}-\frac{3}{8} = \frac{8-3}{8} = \frac{5}{8}$

67회(91p)

01 $=(2-1)+\frac{3-1}{4} = 1\frac{2}{4}$　02 $=(4-2)+\frac{3-2}{5} = 2\frac{1}{5}$

03 $=(3-0)+\frac{5-1}{6} = 3\frac{4}{6}$　04 $=(1-1)+\frac{7-5}{9} = \frac{2}{9}$

05 $2\frac{5}{4}$, $\frac{3}{4}$　06 $3\frac{8}{5}$, $3\frac{4}{5}$

07 $3\frac{9}{6}$, $2\frac{5}{6}$　08 $1\frac{8}{7}$, $\frac{5}{7}$

68회(92p)

01 $=(3-2)+\frac{3-2}{5}=1\frac{1}{5}$　02 $=(4-1)+\frac{3-2}{7}=3\frac{1}{7}$

03 $=(2-2)+\frac{4-2}{9}=\frac{2}{9}$　04 $=(3-1)+\frac{2-2}{6}=2$

05 $=(1-0)+\frac{5-2}{8}=1\frac{3}{8}$　06 $=4\frac{8}{5}-4\frac{4}{5}=\frac{4}{5}$

07 $=6\frac{7}{6}-3\frac{5}{6}=3\frac{2}{6}$　08 $=7\frac{13}{9}-1\frac{7}{9}=6\frac{6}{9}$

09 $=3\frac{9}{7}-3\frac{4}{7}=\frac{5}{7}$　10 $=2\frac{5}{4}-1\frac{3}{4}=1\frac{2}{4}$

69회(93p)

01 $=5\frac{5}{4}-3\frac{3}{4}=2\frac{2}{4}$　02 $=3\frac{13}{9}-1\frac{8}{9}=2\frac{5}{9}$

03 $=7\frac{7}{6}-1\frac{5}{6}=6\frac{2}{6}$　04 $=4\frac{11}{8}-2\frac{7}{8}=2\frac{4}{8}$

05 $=\frac{25}{4}-\frac{15}{4}=\frac{25-15}{4}=\frac{10}{4}=2\frac{2}{4}$

06 $=\frac{40}{9}-\frac{17}{9}=\frac{40-17}{9}=\frac{23}{9}=2\frac{5}{9}$

07 $=\frac{49}{6}-\frac{11}{6}=\frac{49-11}{6}=\frac{38}{6}=6\frac{2}{6}$

08 $=\frac{43}{8}-\frac{23}{8}=\frac{43-23}{8}=\frac{20}{8}=2\frac{4}{8}$

70회(94p)

01 $=3\frac{9}{7}-2\frac{5}{7}=1\frac{4}{7}$　02 $=1\frac{11}{9}-1\frac{4}{9}=\frac{7}{9}$

03 $=5\frac{8}{5}-5\frac{4}{5}=\frac{4}{5}$　04 $=4\frac{5}{4}-3\frac{3}{4}=1\frac{2}{4}$

05 $=2\frac{4}{3}-\frac{2}{3}=2\frac{2}{3}$

06 $=\frac{30}{7}-\frac{19}{7}=\frac{30-19}{7}=\frac{11}{7}=1\frac{4}{7}$

07 $=\frac{27}{8}-\frac{12}{8}=1\frac{7}{8}$　08 $=\frac{25}{6}-\frac{23}{6}=\frac{2}{6}$

09 $=\frac{61}{12}-\frac{43}{12}=1\frac{6}{12}$　10 $=\frac{49}{23}-\frac{17}{23}=1\frac{9}{23}$

71회(96p)

01 $3\frac{3}{5}$　02 $2\frac{2}{3}$　03 $2\frac{2}{6}$　04 $\frac{6}{9}$　05 $5\frac{7}{8}$

06 $3\frac{3}{5}$　07 $1\frac{6}{7}$　08 $1\frac{3}{4}$　09 $\frac{8}{15}$　10 $2\frac{24}{36}$

72회(97p)

01 $\frac{2}{4}$　02 $\frac{3}{7}$　03 $\frac{4}{5}$　04 $1\frac{7}{9}$　05 $2\frac{5}{6}$

06 $\frac{2}{4}$　07 $1\frac{7}{8}$　08 $\frac{8}{10}$　09 $1\frac{21}{30}$　10 $1\frac{36}{50}$

73회(98p)

01 $3\frac{3}{5}$　02 $2\frac{1}{9}$　03 $\frac{4}{7}$　04 $1\frac{2}{6}$　05 $2\frac{2}{4}$

06 $\frac{6}{8}$　07 $3\frac{6}{10}$　08 $\frac{8}{15}$　09 $1\frac{17}{23}$

74회(99p)

01 $\frac{1}{6}$　02 $\frac{2}{4}$　03 $2\frac{4}{7}$　04 $2\frac{4}{5}$

05 $6\frac{4}{9}$　06 $5\frac{4}{5}$　07 $2\frac{6}{12}$　08 $1\frac{13}{19}$

75회(88p)

01 4, $2\frac{2}{3}$, −, $4-2\frac{2}{3}$ 식, 답 $1\frac{1}{3}$ 통

02 $2\frac{1}{5}$, $1\frac{4}{5}$, −, $2\frac{1}{5}-1\frac{4}{5}$ 식, 답 $\frac{2}{5}$ km

03 총 무게 = $3\frac{1}{6}$, 현재 무게 = $1\frac{5}{6}$

남은 무게 = 총 무게 + 현재 무게 이므로

식은 $3\frac{1}{6}-1\frac{5}{6}$ 식 이고, 답은 $1\frac{2}{6}$ 답 kg입니다.

※ 틀리는 문제가 계속 있다면 가분수와 대분수를 바꾸는 연습이 필요합니다. 천천히 꼼꼼히 푸는 연습을 하면 점점 빨라집니다.

76회(102p)

01 $1\frac{3}{4}$, $7\frac{2}{4}$ 02 4, $1\frac{1}{3}$ 03 $4\frac{1}{5}$, $2\frac{3}{5}$

04 $1\frac{4}{8}$, 4 05 $3\frac{2}{7}$, $5\frac{5}{7}$ 06 $1\frac{7}{9}$, $1\frac{3}{9}$

77회(103p)

01 5, $5\frac{1}{2}$ 02 5, $\frac{2}{5}$ 03 5, $2\frac{6}{7}$

04 $1\frac{1}{4}$, 3 05 $3\frac{8}{9}$, $8\frac{7}{9}$ 06 $4\frac{4}{10}$, $1\frac{5}{10}$

78회(104p)

01 2, $4\frac{5}{6}$ 02 $5\frac{2}{4}$, $7\frac{3}{4}$ 03 $3\frac{5}{8}$, $\frac{6}{8}$

04 $1\frac{4}{5}$, 4 05 $3\frac{1}{3}$, 0 06 $3\frac{6}{12}$, $\frac{9}{12}$

79회(105p)

01 4, $6\frac{1}{2}$ 02 $3\frac{3}{6}$, $5\frac{4}{6}$ 03 6, $3\frac{2}{3}$

04 $1\frac{4}{5}$, $4\frac{3}{5}$ 05 $4\frac{2}{4}$, $1\frac{3}{4}$ 06 $2\frac{12}{14}$, $\frac{9}{14}$

80회(106p)

01 4, $2\frac{5}{8}$, 2, −, +, $4-2\frac{5}{8}-2$ 식, 답 $3\frac{3}{8}$ 통

02 $3\frac{2}{5}$, $2\frac{4}{5}$, $1\frac{3}{5}$, −, +, $3\frac{2}{5}-2\frac{4}{5}+1\frac{3}{5}$ 식, 답 $2\frac{1}{5}$ L

03 처음 무게 $=2\frac{5}{6}$, 고구마 $=1\frac{5}{6}$, 감자 무게 $=3\frac{5}{6}$

무게 = 처음 무게 + 고구마 무게 + 감자 무게 이므로

식은 $2\frac{5}{6}+1\frac{5}{6}+3\frac{5}{6}$ 식 이고, 답은 $8\frac{1}{6}$ 답 kg입니다.

※ 위의 답지는 편의상 식과 답을 줄로 표시하였습니다.
문제를 순서대로 적으면서 풀고,
식과 답은 정확히 다시 적어 주어야 합니다.

81회(108p)

01 20,40 02 27 03 16 04 81

05 35,0 06 27 07 54 08 81

82회(109p)

01 75,36,10 02 46 03 5 04 29

05 75,13,62 06 18 07 31 08 5

83회(110p)

01 10,100 02 144,24 03 4,1 04 60,3000

05 50, 1 06 2,24 07 4,16 08 1000,3000

84회(111p)

01 32 02 900 03 160 04 20

05 8 06 36 07 160 08 5

85회(112p)

01 65,36,72 02 82 03 15 04 4

05 0 06 20 07 60 08 4

86회(114p)

01 3,38,48 02 60 03 2

04 15,1,36 05 28 06 52

87회(115p)

01 396,22,13 02 14 03 41 04 0

05 9,396,44 06 1 07 8 08 400

88회(116p)

01 30 02 70 03 19 04 28

05 6 06 157 07 40 08 20

89회(117p)

01 52　02 101　03 98
04 2　05 21　06 18

90회(118p)

01 5　02 2　03 20　04 20
05 44　06 10　07 2　08 7

91회(120p)

01 434　02 337　03 1353　04 22
05 991　06 600　07 2112　08 100

92회(121p)

01 30　02 5　03 60　04 0
05 9　06 5　07 0　08 17

93회(122p)

01 115　02 35　03 5　04 3
05 10　06 0　07 2　08 126

94회(123p)

01 표, 막대그래프　02 표　03 막대그래프
04 막대그래프, 막대그래프, 표

05
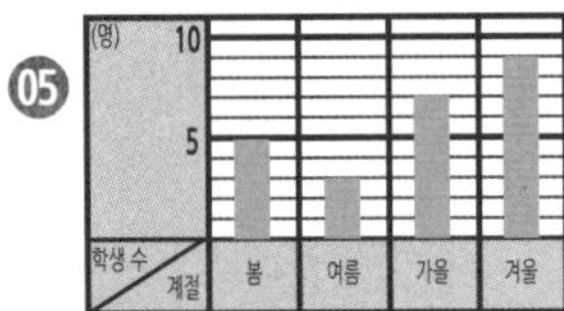

06
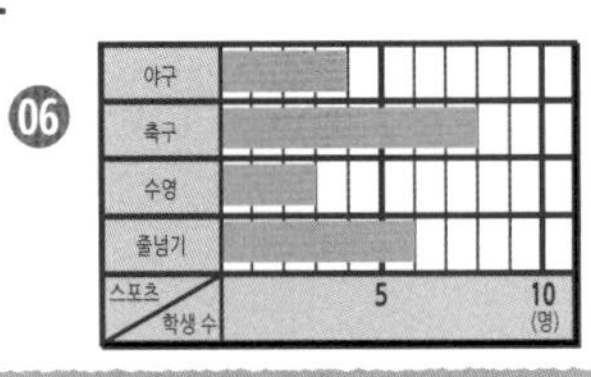

95회(124p)

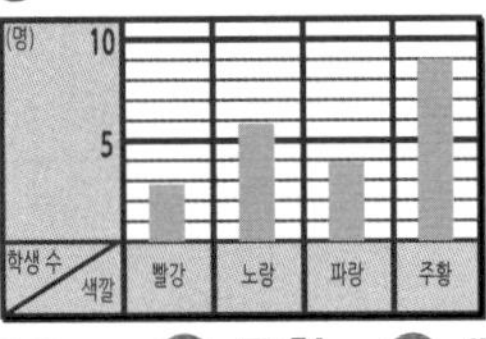

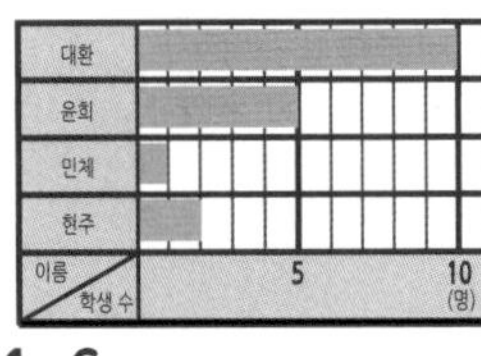

01 22　02 주황　03 빨강　04 1, 6
05 18　06 4　07 대환　08 4, 18, 10, 대환, 8

96회(126p)

01 311　02 611　03 700　04 583　05 527
06 741　07 905　08 535　09 543　10 692
11 953　12 845　13 800　14 521　15 843

97회(127p)

01 623　02 831　03 403　04 751　05 802
06 923　07 521　08 872　09 703　10 814
11 541　12 663　13 911　14 813　15 942

98회(128p)

01 365　02 786　03 59　04 351　05 187
06 367　07 676　08 388　09 376　10 555
11 589　12 487　13 108　14 338　15 349

99회(129p)

01 270　02 325　03 172　04 845　05 250
06 88　07 248　08 156　09 384　10 411
11 456　12 159　13 239　14 567　15 259

100회(130p)

01 544　02 905　03 608　04 730　05 528
06 689　07 554　08 715　09 243　10 717

이제 4학년 1학기 원리와 계산력 부분을 모두 배웠습니다
이것을 바탕으로 서술형/사고력 문제도 자신있게 풀어보세요!!
수고하셨습니다

스스로 알아서 하는

하루 10분 수학

7단계(4학년 1학기) 총정리 8회분 정답지

101회(총정리1회, 133p)

01 12950 02 28875 03 55693

04 21798 05 10332 06 13824

07 40860 08 8632 09 43837

102회(총정리2회, 134p)

01 38, 15, 18×38+15=699

02 14, 15, 27×14+15=393

03 5, 33, 36× 5+33=213

04 9, 31, 62× 9+31=589

05 18, 22, 45×18+22=832

06 17, 3, 12×17+ 3=207

07 14, 2, 31×14+ 2=436

08 10, 42, 52×10+42=562

09 19, 16, 44×19+16=852

103회(총정리3회, 135p)

01 3 02 5 03 8 04 18 05 18 06 30 07 35

08 42 09 72 10 99 11 100 12 60 13 180 14 150

15 3 16 5 17 10 18 6 19 4 20 8 21 7

22 8 23 4 24 6 25 7 26 5 27 10 28 9

104회(총정리4회, 136p)

01 4 02 8 03 10 04 23 05 19 06 37 07 41

08 44 09 77 10 102 11 107 12 61 13 188 14 153

15 2,1 16 4,1 17 3,3 18 1,1 19 8,1 20 6,1 21 3,1

22 1,2 23 9,2 24 7,2 25 2,4 26 14,3 27 10,8 28 12,7

105회(총정리5회, 137p)

01 $4\frac{2}{6}$ 02 $6\frac{2}{5}$ 03 2 04 $4\frac{1}{4}$ 05 10

06 $4\frac{1}{7}$ 07 4 08 $6\frac{1}{6}$ 09 $3\frac{1}{5}$ 10 $10\frac{6}{9}$

106회(총정리6회, 138p)

01 $1\frac{3}{7}$ 02 $1\frac{4}{6}$ 03 $3\frac{2}{4}$ 04 $\frac{7}{8}$ 05 $1\frac{3}{5}$

06 $2\frac{5}{7}$ 07 $\frac{2}{3}$ 08 $4\frac{8}{12}$ 09 $2\frac{13}{21}$ 10 $1\frac{22}{34}$

107회(총정리7회, 139p)

01 30 02 88 03 100 04 27

05 29 06 5 07 15 08 896

108회(총정리8회, 140p)

01 30 02 31 03 32 04 33

05 36 06 25 07 10 08 1

단순사칙연산(덧셈, 뺄셈, 곱셈, 나눗셈)만 연습하기를 원하시면
WWW.OBOOK.KR의 자료실(연산엑셀파일)을 이용하세요.

MeMo

※ 단순사칙연산(덧셈,뺄셈,곱셈,나눗셈)만 연습하기를 원하시면 www.obook.kr의 자료실(연산엑셀파일)을 이용하세요.
연산만을 너무 많이 하면, 수학이 싫어지는 지름길입니다.
연산은 하루에 조금씩 꾸준히!!!

※ 하루 10분 수학을 다하고 다음에 할 것을 정할 때,
수학익힘책을 예습하거나, 복습하는 것을 추천합니다.
수학공부는 교과서, 익힘책, 하루10분수학으로 충분합니다.